"十二五"国家科技支撑计划课题
"山地传统民居统筹规划与保护关键技术与示范（2013BAJ11B04）"研究成果

重庆民居 下卷

民居建筑

冯维波　著

重庆大学出版社

内容简介

本套书共分为《重庆民居·传统聚落》《重庆民居·民居建筑》上下两卷。上卷内容包括自然与人文环境、源起与发展历史、选址与空间形态、古镇、古寨堡、传统村落；下卷内容包括民居建筑的地域特色、平面形制、屋顶造型、竖向空间、营造技术、装饰艺术。本套书全面系统地阐述了重庆民居的多样性、多元性与地域性，充分展现了重庆民居之源远、之丰富、之绚丽。

本套书可供建筑师、规划师、景观设计师、建筑历史与理论工作者，以及从事历史、文物、旅游等方面工作的专业人员和建筑院校师生学习参考；对于传统民居爱好者、旅行爱好者也是一套可读之书和鉴藏之物。

图书在版编目（CIP）数据

重庆民居. 下卷，民居建筑 / 冯维波著. -- 重庆：
重庆大学出版社，2017.12
　　ISBN 978-7-5689-0947-1

　　Ⅰ.①重… Ⅱ.①冯… Ⅲ.①民居 - 建筑艺术 - 重庆
Ⅳ.①TU241.5

中国版本图书馆CIP数据核字(2017)第311350号

重庆民居（下卷）·民居建筑
CHONGQING MINJU XIAJUAN MINJU JIANZHU

冯维波　著

责任编辑：林青山　　　版式设计：原豆设计　冯维波
责任校对：邬小梅　　责任印制：张　策

————————————————————

重庆大学出版社出版发行
出版人：易树平
社址：重庆市沙坪坝区大学城西路21号
邮编：401331
电话：（023）88617190　88617185（中小学）
传真：（023）88617186　88617166
网址：http://www.cqup.com.cn
邮箱：fxk@cqup.com.cn（营销中心）
经销：全国新华书店
印刷：重庆新金雅迪艺术印刷有限公司

————————————————————

开本：889mm×1194mm　1/16　印张：18.5　字数：484千
2018年3月第1版　　2018年3月第1次印刷
ISBN　978-7-5689-0947-1　定价：270.00元

前　言

　　传统民居不仅是地域文化的一面镜子，也是各个民族的真实写照，是先民们的生存智慧、社会伦理、建造技艺和审美意识等文明成果最丰富、最集中的载体。重庆民居因地质地貌、气候水文、植被土壤等自然因子，以及移民活动、民族分布、山地文化、码头文化、开埠文化、宗法礼制、土司文化、风水文化、宗教文化等人文因子的综合影响，形成了别具一格的聚落形态、民居类型和异彩纷呈的建筑形式，蕴含着十分丰富的地域文化基因，是我国独特的山地建筑体系，是非常宝贵的文化遗产。

　　重庆市位于我国西南部，长江上游地区，四川盆地东南部，自然环境具有以下特征：地形复杂多样，山地丘陵占有很大比重；冬季温暖，夏季炎热，降水丰沛，立体气候明显；江河纵横，山地河流特征显著；植被类型复杂多样，紫色土分布广泛。优越的地理位置，独特的自然环境，悠久的发展历史，多元的文化交融，使得重庆人文环境独具特色，主要表现在：战略位置突出，为历代兵家必争之地；人类起源地，三次（或六次）建都，四次筑城，三次直辖，历史文化底蕴深厚；七次大移民，土司自治，开埠通商，多元文化交融；开放包容，淳朴憨直，集体观念强烈。这些独特的自然 – 人文环境特征塑造了别具一格的传统聚落与民居建筑空间形态。

　　纵观以往的民居研究，较多的是从建筑史学或建筑学专业的角度出发，并偏重于建筑单体及其平面形制、空间造型、结构体系、建造技艺等方面，而较少与文化学、社会学、民族学、民俗学、心理学等人文科学相结合进行多学科的综合研究，也较少与城乡规划学以及人居环境科学、建筑文化学、文化地理学、文化生态学、聚落地理学等学科发展新方向相联系。而现在的民居研究正在逐步深化，从狭义与单学科研究向广义的聚落与人居环境以及更加广阔的、综合的多学科研究领域发展。同时，作为一个较特殊的、类型十分丰富的重庆民居体系，至今还没有一本论著对其进行系统、全面的研究。因此，基于上述原因，作者历时五年撰写了本套书。本套书共分上下两卷，上卷为《重庆民居·传统聚落》，下卷为《重庆民居·民居建筑》。力争全面、系统、科学地反映重庆民居的历史沿革、空间形态与地域特色，为重庆城乡规划、人居环境营造及建筑设计提供更多有益的启示和帮助。

　　上卷《重庆民居·传统聚落》共分6章：第1章自然与人文环境，分析了重庆市的区位条件，地质、地貌、气候、水文、植被、土壤等自然条件，以及历史沿革、移民活动、民族分布、山地文化、码头文化、开埠文化、宗法礼制、土司文化、风水文化、宗教文化、民俗文化、传统技艺等人文环境；第2章源起与发展历史，按先秦、秦汉、蜀汉两晋南北朝、隋唐五代、宋元、大夏明清、近代等7个大的历史时期，对重庆城镇营造及民居建设的发展演变与特点进行了梳理；第3章选址与空间形态，以区位、防御、风水三位一体的原则作为传统聚落选址的首要原则，从地貌、平面以及竖向这三个角度诠释了传统聚落的空间形态；第4章古镇，重庆古镇众多，有历史文化名镇27个，其中包括市级26个，国家级18个（其中17个既是国家级又是市级），在重庆独特的自然－人文环境因素的综合影响下，形成了别具一格的古镇空间形态、生态环境、景观形象及公共建筑，本章选取了 20 个典型古镇，对其选址与历史、空间形态及建筑特色进行了分析解读；第 5 章古寨堡，古寨堡的成因主要是与重庆历史上接连不断的战乱有关，形成了独特的选址布局、防御体系与空间形态等特征，本章以 7 个典型古寨堡（群）为例，对其进行了一定的分析；第 6 章传统村落，目前重庆市已有 74 个国家级传统村落，本章从村落类型、空间构成、生态环境、景观形象等方面进行了分析，并选取了 16 个传统村落，从选址与历史、空间形态及建筑特色等方面进行了诠释。

下卷《重庆民居·民居建筑》共分 6 章：第 7 章地域特色，主要体现在"师法自然，巧用环境；兼收并蓄，礼制有序；类型丰富，地域明显"三大方面；第 8 章平面形制，主要有"一"形、"L"形、"凵"形、"口"形 4 种基本平面形制及其组合体，并分析了民居建筑平面的空间组织；第 9 章屋顶造型，主要有悬山式、歇山式、四坡水式、硬山式、攒尖式、封火山墙式等，并探讨了地理环境与屋顶造型的关系以及屋顶的组合形态；第 10 章竖向空间，主要有檐廊式、悬挑式、层叠式、骑楼式、吊脚楼式、碉楼式、庭院式等；第 11 章营造技术，主要从山地环境适应技术、湿热环境适应技术、承重结构、围护结构、屋顶结构、出檐结构、营建步骤及建房习俗等方面进行归纳总结；第 12 章装饰艺术，首先从屋顶、檐部、屋身、台基、台阶、庭院、铺地、室内与陈设等民居建筑的不同部位对装饰艺术进行解读，其次从木雕、砖雕、石雕、灰塑、陶塑、泥塑、瓷贴、油漆、彩绘、文字等不同装饰工艺的特征以及装饰题材进行分析。

传统聚落与民居建筑，不但是农耕文明的产物，也是地域文化的一面镜子，更是人类社会一项宝贵的文化遗产。民居作为传统聚落与乡土建筑的重要组成部分，是地域特色的主要代表，而地域特色是聚落、建筑最为本质的东西，也是聚落文化、建筑文化最可宝贵、最有价值、最精彩的地方。坚持地域性是克服建筑城市千篇一律、建筑文化趋同弊病的一剂良药。世界建筑之所以丰富多彩，是因为地域文化的多样性，而民居研究将会进一步促进地域文化的保护与传承，也必将为现代人居环境建设与建筑创作提供更加广阔的源泉。

民族文化的发展经历了自发的文化、自觉的文化这两个阶段，其高级阶段为文化的自觉阶段。现阶段保护文化迫切需要文化的自觉、文化的自信，要把文化保护工作提升到保护民族精神的高度来看，文化流失会造成民族身份和属性的流失。民族文化承载着民族精神，我们要由保护民族的精神，而成为有精神的民族、有内涵的民族、有文化自信的民族。乡土文化的根不能断，要让居民望得见山、看得见水、记得住乡愁。"乡愁"是我们的精神家园。保护和发展传统民居，留住的就是我们的"乡愁"。

本套书是在"十二五"国家科技支撑计划："山地传统民居统筹规划与保护关键技术与示范（2013BAJ11B04）"课题资助下的研究成果，也是"山地传统民居研究丛书"的第三、四部书。限于作者水平，错误与不当之处恳请学术界同仁和广大读者批评指正。

2017 年 10 月于山城重庆

总目录

上卷 传统聚落

第1章 自然与人文环境 ·········· 001

1.1 区域概况 ·········· 002

1.2 自然环境 ·········· 006

1.3 人文环境 ·········· 027

第2章 源起与发展历史 ·········· 061

2.1 先秦时期 ·········· 062

2.2 秦汉时期 ·········· 067

2.3 蜀汉两晋南北朝时期 ·········· 073

2.4 隋唐五代时期 ·········· 075

2.5 宋元时期 ·········· 080

2.6 大夏明清时期 ·········· 086

2.7 近代时期 ·········· 089

第3章 选址与空间形态 ·········· 095

3.1 传统聚落选址原则 ·········· 096

3.2 基于地貌形态的传统聚落空间形态 ·········· 109

3.3 基于平面形态的传统聚落空间形态 ·········· 113

3.4 基于竖向空间的传统聚落空间形态 ·········· 121

第4章 古镇 ·········· 131

4.1 古镇概况 ·········· 132

总目录

4.2 古镇类型 ……………………………………………… 132

4.3 古镇空间构成 ………………………………………… 135

4.4 古镇生态环境 ………………………………………… 143

4.5 古镇景观形象 ………………………………………… 151

4.6 古镇公共建筑 ………………………………………… 160

4.7 古镇典例 ……………………………………………… 169

第5章 古寨堡 ………………………………………… 207

5.1 古寨堡类型 …………………………………………… 208

5.2 古寨堡概况及发展简史 ……………………………… 211

5.3 古寨堡选址与布局 …………………………………… 217

5.4 古寨堡防御体系与生产生活空间 …………………… 221

5.5 古寨堡空间形态 ……………………………………… 230

5.6 古寨堡修筑主体及管理 ……………………………… 232

5.7 古寨堡典例 …………………………………………… 233

第6章 传统村落 ……………………………………… 249

6.1 传统村落概况 ………………………………………… 250

6.2 传统村落类型 ………………………………………… 254

6.3 传统村落空间构成 …………………………………… 257

6.4 传统村落生态环境 …………………………………… 261

6.5 传统村落景观形象 …………………………………… 267

6.6 传统村落典例 ………………………………………… 271

后 记 …………………………………………………… 300

总目录

下卷　民居建筑

第7章　地域特色 ………………………………… 001

7.1　师法自然，巧用环境 ………………………… 002

7.2　兼收并蓄，礼制有序 ………………………… 017

7.3　类型丰富，地域明显 ………………………… 021

第8章　平面形制 ………………………………… 043

8.1　"一"形平面 …………………………………… 044

8.2　"L"形平面 …………………………………… 055

8.3　"凵"形平面 …………………………………… 058

8.4　"口"形平面 …………………………………… 062

8.5　建筑平面空间组织 …………………………… 073

第9章　屋顶造型 ………………………………… 081

9.1　悬山式屋顶 …………………………………… 082

9.2　歇山式屋顶 …………………………………… 084

9.3　四坡水式屋顶 ………………………………… 087

9.4　硬山式屋顶 …………………………………… 088

9.5　攒尖式屋顶 …………………………………… 090

9.6　封火山墙式屋顶 ……………………………… 091

9.7　地理环境与屋顶造型 ………………………… 098

9.8　屋顶组合形态 ………………………………… 104

总目录

第10章　竖向空间 ･･･ 113

10.1　檐廊式民居建筑･･････････････････････････････ 114

10.2　悬挑式民居建筑･･････････････････････････････ 117

10.3　层叠式民居建筑･･････････････････････････････ 121

10.4　骑楼式民居建筑･･････････････････････････････ 123

10.5　吊脚楼式民居建筑････････････････････････････ 128

10.6　碉楼式民居建筑･･････････････････････････････ 136

10.7　庭院式民居建筑･･････････････････････････････ 142

第11章　营造技术 ･･･ 149

11.1　建筑环境适应技术････････････････････････････ 150

11.2　承重结构及其做法････････････････････････････ 160

11.3　围护结构及其做法････････････････････････････ 176

11.4　屋顶结构及其做法････････････････････････････ 183

11.5　出檐结构及其做法････････････････････････････ 190

11.6　营建步骤及建房习俗･･････････････････････････ 196

第12章　装饰艺术 ･･･ 203

12.1　装饰部位划分････････････････････････････････ 204

12.2　装饰工艺特征････････････････････････････････ 261

后　记 ･･･ 278

目 录

下卷　民居建筑

第7章　地域特色 ……………………………………………001

7.1　师法自然，巧用环境 ……………………………002
　　7.1.1　依山就势，随地赋形 ………………………002
　　7.1.2　适应气候，通透开敞 ………………………008
　　7.1.3　就地取材，朴实自然 ………………………010
　　7.1.4　对比法则，形象鲜明 ………………………013

7.2　兼收并蓄，礼制有序 ……………………………017
　　7.2.1　移民往来，兼收并蓄 ………………………017
　　7.2.2　礼制有序，拓扑变换 ………………………017

7.3　类型丰富，地域明显 ……………………………021
　　7.3.1　类型丰富，灵活多样 ………………………021
　　7.3.2　地域明显，自成体系 ………………………035

本章参考文献 ……………………………………………041

第8章　平面形制 ……………………………………………043

8.1　"一"形平面 ……………………………………044
　　8.1.1　基本形制 …………………………………044
　　8.1.2　堂屋与偏房 ………………………………044
　　8.1.3　扩展方式 …………………………………053

8.2　"L"形平面 ……………………………………055
　　8.2.1　基本形制 …………………………………055
　　8.2.2　厢房与抹角屋 ……………………………056
　　8.2.3　扩展方式 …………………………………058

8.3　"凵"形平面 ……………………………………058
　　8.3.1　基本形制 …………………………………058

目 录

8.3.2 朝门与院坝 ·················· 060

8.3.3 扩展方式 ·················· 061

8.4 "口"形平面 ·················· 062

8.4.1 基本形制 ·················· 062

8.4.2 四合院与天井院 ·················· 063

8.4.3 扩展方式 ·················· 067

8.4.4 衍生发展 ·················· 068

8.5 建筑平面空间组织 ·················· 073

8.5.1 主从与序列 ·················· 073

8.5.2 开敞与封闭 ·················· 074

8.5.3 组合与划分 ·················· 076

8.5.4 过渡与转折 ·················· 077

8.5.5 连通与隔断 ·················· 077

本章参考文献 ·················· 079

第9章 屋顶造型 ·················· 081

9.1 悬山式屋顶 ·················· 082

9.1.1 悬山式屋顶的起源 ·················· 082

9.1.2 重庆民居建筑悬山式屋顶 ·················· 083

9.2 歇山式屋顶 ·················· 084

9.2.1 歇山式屋顶的起源 ·················· 084

9.2.2 重庆民居建筑歇山式屋顶 ·················· 085

9.3 四坡水式屋顶 ·················· 087

9.3.1 四坡水式屋顶的起源 ·················· 087

9.3.2 重庆民居建筑四坡水式屋顶 ·················· 088

9.4 硬山式屋顶 ·················· 088

9.4.1 硬山式屋顶的起源 ·················· 088

9.4.2 重庆民居建筑硬山式屋顶 ·················· 089

9.5 攒尖式屋顶 ·················· 090

9.5.1 攒尖式屋顶的起源 ·················· 090

目 录

9.5.2 重庆民居建筑盔顶式屋顶 ·············090

9.6 封火山墙式屋顶 ·············091
9.6.1 封火山墙式屋顶的起源 ·············091
9.6.2 重庆民居建筑封火山墙式屋顶 ·············092

9.7 地理环境与屋顶造型 ·············098
9.7.1 气候环境与屋顶造型 ·············098
9.7.2 地形环境与屋顶造型 ·············100

9.8 屋顶组合形态 ·············104
9.8.1 复合屋顶形态 ·············104
9.8.2 组合交接方式 ·············107

本章参考文献 ·············111

第10章 竖向空间 ·············113

10.1 檐廊式民居建筑 ·············114
10.1.1 檐廊式民居的起源 ·············114
10.1.2 重庆檐廊式民居建筑 ·············116

10.2 悬挑式民居建筑 ·············117
10.2.1 悬挑式民居的起源 ·············117
10.2.2 重庆悬挑式民居建筑 ·············117

10.3 层叠式民居建筑 ·············121
10.3.1 层叠式民居的起源 ·············121
10.3.2 重庆层叠式民居建筑 ·············122

10.4 骑楼式民居建筑 ·············123
10.4.1 骑楼式民居的起源 ·············123
10.4.2 重庆骑楼式民居建筑 ·············126

10.5 吊脚楼式民居建筑 ·············128
10.5.1 吊脚楼式民居的起源 ·············128
10.5.2 重庆吊脚楼式民居建筑 ·············131

10.6 碉楼式民居建筑 ·············136
10.6.1 碉楼式民居的起源 ·············136

目 录

10.6.2　重庆碉楼式民居建筑 ·········· 138

10.7　庭院式民居建筑 ········· 142

10.7.1　庭院式民居的起源 ········· 142

10.7.2　重庆庭院式民居建筑 ········· 143

本章参考文献 ·········· 147

第11章　营造技术 ·········· 149

11.1　建筑环境适应技术 ········· 150

11.1.1　山地环境适应技术 ········· 150

11.1.2　湿热环境适应技术 ········· 155

11.2　承重结构及其做法 ········· 160

11.2.1　木结构 ········· 160

11.2.2　生土结构 ········· 173

11.2.3　砌体结构 ········· 175

11.2.4　混合结构 ········· 175

11.3　围护结构及其做法 ········· 176

11.3.1　竹编夹泥墙 ········· 176

11.3.2　石墙 ········· 178

11.3.3　土墙 ········· 180

11.3.4　砖墙 ········· 180

11.3.5　木墙 ········· 183

11.4　屋顶结构及其做法 ········· 183

11.4.1　屋顶组合交接方式 ········· 183

11.4.2　屋面坡度地方做法 ········· 183

11.4.3　基于材料的屋面做法 ········· 186

11.4.4　歇山顶地方做法 ········· 189

11.5　出檐结构及其做法 ········· 190

11.5.1　悬挑出檐 ········· 190

11.5.2　转角出檐 ········· 194

11.5.3　附设披檐 ········· 195

目 录

　　　　11.5.4　轩廊和轩棚 ･･････････････････････････ 196

11.6　营建步骤及建房习俗 ････････････････････････ 196

　　　　11.6.1　营建步骤 ･･････････････････････････････ 196

　　　　11.6.2　建房习俗 ･･････････････････････････････ 199

本章参考文献 ･･････････････････････････････････････ 201

第12章　装饰艺术 ･･･････････････････････････････ 203

12.1　装饰部位划分 ･･････････････････････････････････ 204

　　　　12.1.1　屋顶装饰 ･･････････････････････････････ 204

　　　　12.1.2　檐部装饰 ･･････････････････････････････ 212

　　　　12.1.3　屋身装饰 ･･････････････････････････････ 219

　　　　12.1.4　台基与台阶装饰 ････････････････････････ 245

　　　　12.1.5　庭院与铺地装饰 ････････････････････････ 247

　　　　12.1.6　室内装饰与陈设 ････････････････････････ 250

12.2　装饰工艺特征 ･･････････････････････････････････ 261

　　　　12.2.1　装饰题材与表现 ････････････････････････ 261

　　　　12.2.2　木雕 ･･････････････････････････････････ 262

　　　　12.2.3　砖雕 ･･････････････････････････････････ 264

　　　　12.2.4　石雕 ･･････････････････････････････････ 264

　　　　12.2.5　灰塑、陶塑与泥塑 ･･････････････････････ 265

　　　　12.2.6　瓷贴 ･･････････････････････････････････ 267

　　　　12.2.7　油漆彩绘 ･･････････････････････････････ 270

　　　　12.2.8　文字装饰 ･･････････････････････････････ 271

　　　　12.2.9　环境装饰 ･･････････････････････････････ 273

本章参考文献 ･･････････････････････････････････････ 277

后　记 ･･ 278

第 7 章

地 域 特 色

民居建筑既是时代的产物，又是环境的造化，无不深深地烙上环境与时代的印记。从某种程度上讲，民居建筑就是当时、当地自然－人文环境的一面镜子。重庆地势崎岖陡峭，山地丘陵广布，江河纵横交错，气候高温潮湿，移民活动频繁，文化多元交融。在这种独特的自然－人文环境下，形成了具有明显地域特色的民居建筑，其特色主要体现在"师法自然，巧用环境；兼收并蓄，礼制有序；类型丰富，地域明显"三大方面。

7.1 师法自然，巧用环境

7.1.1 依山就势，随地赋形

重庆山地丘陵广阔，二者约占全市总面积的94.1%，并且山高坡陡，崎岖难行，在地形如此苛刻的条件下，先民们充分发挥他们的聪明才智，因地、因时、因材、因人制宜，选择宜居环境，适应所处环境，改造不利环境，无论城市、场镇、村落、宅院、群组或单家独户，都十分注重相地选址和空间营造。这既表现出建筑行为对自然环境的顺应和尊重，同时也充分反映先民善于辩证地处理建筑与自然的关系，抓住山地环境中有利于营造独特建筑形态和空间氛围的因素，或者将不利的环境因素转化为自身特色，体现出丰富的空间创造力和民间建造智慧。通过长期实践经验的积累，重庆先民们创造了"环境－形态一体化"的设计策略以及一套与环境依存性很强的山地建筑营建技法，不仅成为科学合理利用山地环境特点的适宜方法，而且也形成了独特的"依山就势、巧于因借、彼此依存"的山地民居建筑空间形态与审美趣味，充分体现了人与自然相互依存的人居环境观，以及"天人合一"的择居理念。

1）化整为零，合零为整

为了科学合理地利用山地环境，尽量减少对原始地貌形态的破坏，以及控制建设成本，降低建设难度，山地建筑往往"量其广狭，随曲合方"，做到因地制宜，灵活应付。大体量建筑常常采取"随地赋形，化整为零"的手法，通过山地台院、回廊、踏步等实现功能上的联系与过渡，并且利用多标高入口、立体化交通流线组织等措施，合理解决了山地建筑交通不便的问题。"化整为零"手法也被用于对建筑接地部分的处理上，为了减少开挖土石，自然消解地形高差，采取"台、挑、吊、坡、拖、梭、转、跨、架、靠、跌、爬、退、让、钻、错、分、联"等"山地建筑营建十八法"等处理方式，通过院落、天井或者建筑内部来分担地形的变化，使高差变化与建筑形态的变化有机结合起来，创造出了丰富多样的建筑空间形态。这就是随机应变、巧于因借观念的体现（图7.1）。

山地环境下，单体建筑体量受到限制，因而非常注重建筑群体的层次变化和聚集表现力。集中型山地聚落里的建筑群常常密集而且高低错落，层层叠叠，形成了丰富的天际轮廓线，彼此借力，灵活应用，你中有我，我中有你，相互穿插，构成了建筑群的整体气势。"以小博大，合零为整"是山地建筑形态设计中最有特色的部分，它利用"堆、靠、嵌"等手段，借助山体或地势，使小体量建筑获得雄伟的"重屋垒居"这一视觉效果（图7.2）。

2）挑吊结合，智取空间

为了争取空间，重庆先民总结了向空中发展的节地建设策略。其中"架、吊、挑"是几种常用的营造手法（图7.3）。根据架空方式和所处地形环境可分为全架空、半架空以及架挑结合等多种做法。早期先民临江河修建的干阑民居即是全架空和半架空的形态。后来，随着聚居地向坡地和山地发展，更加适应地形的半架空做法逐渐成为主流。山地吊脚楼就是底部架空与附崖形式相结合的一种适应山地多变地形条件的构筑方式，是半干阑建筑的发展。传统的干阑和半干阑建筑主要在渝东南

土家族、苗族民居中出现。它们分布在平坝和缓坡地带，架空部分用于畜圈或杂物堆放，建筑基地会作一定补平处理。山地吊脚楼形式多样，不仅用于缓坡地带，也常见附于高崖陡壁而立者，它对于建筑基地一般不作处理，保持原有地貌，吊脚楼下部

（a）挑与吊——走马转角楼（酉阳县西酬镇江西村）

（b）台——分层筑台（酉阳县龚滩古镇）

（c）跨与吊——过街楼（酉阳县龚滩古镇）

（d）靠与退——附崖式建筑（潼南区大佛寺）

图 7.1 部分"化整为零"营造手法

图7.2 "重屋垒居,合零为整"营造手法(酉阳县酉水河镇河湾山寨)

(a) 酉阳县西酬镇江西村

(b) 酉阳县苍岭镇石泉苗寨

(c) 武隆区火炉镇

(d) 酉阳县龚滩古镇

图7.3 "挑吊结合,智取空间"营造手法

基本无功能。临街的吊脚楼，街道和行人都从下面穿越，形成了非常奇特的空间和景观。挑台和架空的结合可以获得更多的空中面积，悬空部分能使江风自下穿透建筑，有利于通风和散热。

3）紧凑布局，复合空间

山地环境中，为适应建设用地紧张，传统民居建筑大多布局紧凑，还从使用功能、空间组合、建筑形态上体现出复合性的特点。其中合院建筑体现得最为明显（图7.4、图7.5）。

重庆四合院兼具南北方的特点，就单一四合院的尺度而言，比北方的合院要小，比南方天井院要大。就院落组合方式而言，重庆四合院更具灵活性

（a）门楼倒座——山门、围墙和戏楼的有机结合（江津区塘河古镇廷重祠）

（b）门楼倒座——山门、牌楼和戏楼的有机结合（铜梁区安居古镇下紫云宫）

（c）天井院落组合（黔江区黄溪镇张氏民居）

图7.4 "紧凑布局，复合空间"营造手法

图7.5 殿堂复合空间（江津区塘河古镇廷重祠）

和适应性，大尺度的院坝和小尺度的天井，根据需要，混合使用，因境而生，没有定式，既适应需要，又经济节约。结合自然环境条件，院落的尺度和形态也有自己的特点。受进深限制，院落形状多呈近正方形或扁方形，宽而浅，以便正面迎风纳阳。

中原文化通过战争、移民等方式有力地渗透到巴渝大地，也导致合院这种建筑形制传播到重庆地区。为了适应山地环境，在空间组合方式上相应产生了一定的变化，如顺应地势的台院空间，压缩院落以便更灵活地适应山地变化，合理利用有限地形，使合院建筑在巴渝地区形成具有山地特征的紧凑型井院式建筑。受地形条件限制，房屋之间不规则组合比较多，院落、天井异形也较多。尤其在场镇，大大小小，形态各异，密如蜂巢。

为了在占地小的情况下满足不同建筑功能和仪式活动的要求，出现了建筑复合化趋势。以祠庙会馆建筑为例，主要体现在"门楼倒座"，山门、牌楼和戏楼合并，钟鼓楼和厢房合并，牌楼和看厅合并，以及后区殿堂空间合并等几个方面。再如，在场镇形成了下店上宅、前店后宅或前坊后宅等多种复合空间。

4）曲折轴线，丰富空间

山地民居建筑受地形条件限制，往往不具有绝对的严整对称性。就建筑群而言，虽然有明显的中轴线，但是并不受中轴线束缚，而是随地形增减或者曲折变化，布局灵活，空间层次更加丰富。利用轴线转折（曲轴、多副轴）、小品过渡及导向处理等手法，将各组建筑构成统一的整体，并且借助树木、地形高差对视线的遮挡和引导，加大建筑空间的纵深感，构成视觉和心理体验的丰富变化。完全散点布局的山地建筑群中，道路和视线的引导作用更加突出，外向式景观引导将建筑群和自然山水密切地结合在一起，形成了更加丰富宏观的空间体验，达到了建筑与环境的和谐。

在较为封闭的完全中轴对称的大型民居建筑中，建筑垂直等高线布置，利用前后高低的地形组织重台天井或台院布局。分层筑台使二维的空间秩序在三维的方向产生起伏变化，结合筑台本身的高低错落和空间的开闭，再加上山地的视点变化带来的空间体验的特殊性，地形高差不仅没有带来空间的阻塞，反而让人感受到更强烈的空间动态。房屋处于高低台基上，构成重叠栉比、参差错落的独特景观（图7.6、图7.7）。

5）开闭结合，灵活空间

重庆地区夏季湿热少风，冬季虽比较暖和，但是缺少阳光。因此，重庆民居建筑不仅外部围护结构比较轻薄，利于通风，而且建筑本身也是开敞与封闭相结合。尤其是在封闭的合院建筑中广设敞厅、凉厅、敞廊等开敞空间，不但达到外实内虚、开敞流动的景观效果，而且又能起到通风除湿、遮阳避雨的作用。院坝天井布置花草盆景，室内外空间相互交融（图7.8）。另一方面，重庆人喜欢户外聚会活动，古场镇檐廊空间就是大家交往休闲的重要场所，住宅面向街道一边完全开敞、可拆卸的装板门窗

（a）铜梁区安居古镇湖广会馆　　　　　　　　　　　（b）北碚区卢作孚纪念馆

图7.6　山地天井–台院式民居建筑一

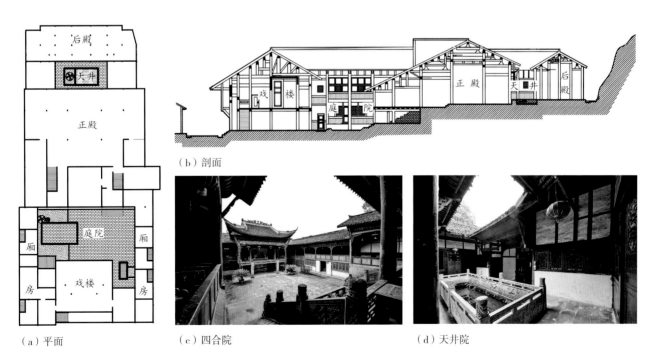

（a）平面　　　　　　　　　　（b）剖面　　　　　　（c）四合院　　　　　　　　　　（d）天井院

图7.7　山地天井–台院式民居建筑二（铜梁区安居古镇湖广会馆）

恰好形成了可随时开闭的空间。

6）虽由人作，宛自天成

山地地形条件的特殊性，不仅产生了"分台、附崖、靠坡、吊脚"等适应性技术手段，而且也使得山地民居建筑有了一种近乎镶嵌式的外部空间形态，建筑与环境结合得十分紧密与自然（图7.9）。一块悬

（a）院墙

（b）庭院（一）

（c）庭院（二）

图7.8 封闭的院墙与开敞空透的庭院（巴南区南泉街道彭氏民居）

崖、一面削壁，这些看似不适宜建筑的地方，都可以成为山地民居建筑的基础。对地形环境的巧妙利用更是成就了一些不可复制的奇思佳构，无论是层层高耸、借山势而上的附崖建筑，还是支撑于高杆木柱上看似危若累卵的吊脚楼，都是不可替代的根植于环境的佳作。古镇中的建筑群体布局更是彼此依托，此消彼长，随坡就坎，随曲就折，群落屋顶间高低配合且交叉相连，形成了一个与自然环境密不可分的有机整体。此外，建筑与环境的整体共融性，还体现于天然材料的运用。重庆山体的主要岩石是较坚硬的青色或红色砂岩以及灰白色的灰岩，少部分是红色或青灰色的较松散的页岩。传统街道地面、堡坎及民居建筑勒脚、台基、台阶等部位多用砂岩、灰岩、页岩砌筑，冷暖色调微妙变化的石材交织混合在一起，与山地基调非常吻合，恰如自然生长出来的一般（蔡致洁，2006）。

7.1.2 适应气候，通透开敞

为了适应夏季闷热少风、春秋多雨、冬季阴湿的气候特点，重庆民居建筑结合地方材料特性和自然环境条件，形成了具有气候适宜性的建筑技术体系和建造特色，如外封闭、内开敞、穿堂风、轻薄围护体系、大出檐、冷摊瓦、抱厅等一系列适应性技术与地方特色。

1）通风、防潮与采光

通风防潮主要策略是加强建筑内外空气间的流动性，组织好房屋的自然通风。建筑布局主要结合地形要求，对建筑的朝向不甚严格，大多采用南向或东南向。利用有利朝向可以取得引风条件，如靠近江河的房屋朝向迎风面，以便在夏季引入江风降温。建筑平面布局中，充分考虑如何合理组织自然通风，如房屋前后门窗对开，以便形成穿堂风。同时，充分利用院落天井、厅堂、门窗以及层高、进深等条件，以便达到更好的通风采光效果。比较考究的民居建筑层高普遍较高，通风降温效果好，室内感觉比一般民居要凉爽一些。有

（a）酉阳县西水河镇河湾山寨某民居

（b）云阳县凤鸣镇彭氏宗祠

（c）丰都县小官山古建筑群

（d）巴南区石龙镇放生塘覃家大院

图7.9　山地民居建筑与环境的有机融合

的还建抱厅，以利于通风、降温、除湿。为了通风防潮，建筑室内地面往往设计有空气间层，即架空木地板层，具有十分明显的防潮效果。架空做法使住屋隔离了土层的潮湿，比起地面建筑，大大减少了对空气流动的阻碍，并减少了虫、蛇的稍扰。

屋面采用轻薄的冷摊瓦做法，加速室内热空气散出。部分较考究的民居建筑做双层瓦屋面，提高屋面隔热效能。吊脚楼建筑也是通风良好的实例，它用竹或木板作楼板和构架，底层架空，楼板留板缝，屋顶开老虎窗，通风效果良好。尤其是沿江吊脚楼，江风从楼底灌入，非常凉爽。

轻薄的建筑围护体系也利于透气散热。民居建筑的墙体在额枋以上一般做成空透的格栅状，这样既可通风采光，还能保护木构架不致因潮湿而腐烂。此外，除临街大门及窗户采用木板门窗外，面向庭院天井的门窗一般比较通透，利于通风

防潮与采光。

室内为了取得良好的通风条件，往往少间隔，大厅、堂屋一般为敞厅，即使有门也很少关闭。如需要空间和功能上的间隔，多利用屏风、花式门罩、挂落、布帘等。有的厅堂在夏季还将隔扇门拆下，使内外空间交融，也利于通风（图7.10、图7.11）。

2）防晒与避雨

防晒避雨的主要措施是采用小天井、大出檐。天井小而密，往往使建筑墙体常处于阴影之中，起到防晒作用；深远的挑檐和建筑外廊不仅可以遮挡阳光，也可防止墙身遭雨水侵蚀。合院建筑的檐廊可环通，可以达到雨天不湿鞋的效果。檐口有前高后低的讲究，也可防止后檐飘雨湿墙。院落中央的抱厅既遮阳避雨，形成中庭，还能形成风兜，利于空气循环。由沿街建筑外檐延伸到街道两侧的檐廊、凉厅等进一步形成了整个场镇遮阳避雨、赶

（a）面向河流开启的门窗以利通风降温（北碚区偏岩古镇）

（b）架空的吊脚楼以利通风防潮（江津区塘河古镇）

（c）天井院落与厅堂门窗的组合以利通风与采光（一）（黔江区黄溪镇张氏民居）

（d）天井院落与厅堂门窗的组合以利通风与采光（二）（潼南区双江古镇杨氏民居）

（e）利于通风防潮的架空木地板层（酉阳县苍岭镇石泉苗寨）

（f）利于通风采光的气楼（黔江区某民居）

图7.10　民居建筑的通风、防潮与采光（一）

场贸易和邻里交往的重要空间。在炎热的夏季，场镇街道或者天井中间还会拉起活动的飘篷、布帘、棚架等隔热构件。此外，建筑立面布满精致图案的雕花门窗既有美化装饰作用，也可使阳光形成漫反射。建筑外墙普遍刷成白色或其它浅色，可减少太阳的辐射热（图7.12）。

7.1.3　就地取材，朴实自然

1）就地取材，灵活处理

首先，重庆地区适宜建筑的自然材料十分丰富，加之经济性和便利性考虑，先民建房习惯于就地取材，因材而筑。竹、木、石、土，乃至稻草、高粱秆、草类都被普遍利用，并且先民能够根据不同材

（a）开敞的堂屋与檐廊（酉阳县苍岭镇石泉苗寨）

（b）空透的阁楼（酉阳县苍岭镇石泉苗寨）

（c）架空防潮的吊脚楼（酉阳县苍岭镇石泉苗寨）

（d）开敞空透的过厅（巴南区南泉街道彭氏民居）

（e）高大开敞的抹角屋（涪陵区青羊镇四合头庄园）

（f）山墙面开设的通风口（酉阳县天馆乡谢家村）

图7.11　民居建筑的通风、防潮与采光（二）

料的特性，发挥各自优势，加以综合利用。比如，山区捆绑式吊脚楼，就充分发挥了竹材轻巧的特性和受力特点，不仅以竹为支柱和骨架，还以竹、棕绳为捆绑材料。总之，竹茎为骨架，竹编为墙体，草顶为盖，加工简易，造价低廉，通风防潮，是中国古代竹建筑的重要代表之一。

其次，同一种材料在不同的地点具有多种处理手法，体现出一定的地域性与民族性，使建筑具有浓厚的生活气息。以石材为例，就有条石、方整石、片石、碎石、卵石等多种。它们既可以替代木柱，也是墙体、台基、堡坎、勒脚、基础及铺地的材料。

由于选材多样，建筑的同一部位也有多种处

（a）檐廊（一）（大足区铁山古镇）

（b）檐廊（二）（江津区四面山镇会龙庄）

（c）天井（江津区塘河古镇廷重祠）

（d）抱厅（渝北区龙兴古镇刘家大院）

图7.12　民居建筑的遮阳避雨

理方式。以墙体为例，就有夹壁墙、木板墙、土坯墙、三合土墙、条石墙、片石墙、卵石墙等不同做法；屋面除常见的小青瓦、灰筒瓦、琉璃瓦以外，还有草屋面、石板屋面，甚至树皮屋面。此外，可以根据建筑的需要，采取不同材料和技术组合使用，彼此补充，使得变化更加丰富。比如为了坚固和防潮，夹壁墙的下半部位可以用木板墙、石墙、夯土墙等代替。再如庄园建筑中，附属碉楼可以采用石砌或者土筑，房屋仍然采用穿斗构架、竹编夹壁墙，用材非常灵活（图7.13）。

2）朴实自然，简约修饰

首先，由于北部秦巴山地削弱了南侵之寒风，重庆地区冬季较暖和且少见大风。所以，重庆传统民居的屋面普遍简薄，木构架用料相对单薄，加上山水环境的衬托，给人以轻巧飘逸和灵动之美。

其次，建筑造型充分发挥建筑在结构及构造

技术上的地方特色，以其丰富多样的变化作为造型和装饰重点，形成了朴实的艺术风格。比如，建筑的檐下部位，主要利用外挑出檐的不同做法以及一些与结构和构造细部相结合的诸如"撑弓"样式的变化，丰富了建筑立面层次，十分自然。半露在白粉墙之外的深色穿斗木构架在立面上形成的肌理与高低错落的斜坡屋顶更是组成了一幅幅富有装饰性的画面。

在建筑装修和色彩的格调上，重庆民居建筑不崇尚过分的奢华，彩画亦多清淡雅致，图案及用色均较节制。虽少繁琐的附加装饰，但在一些重要部位，装饰仍然是整个建筑中最出彩的地方。民居建筑装饰风格和工艺技术以精巧秀丽为特点，深受南方地区影响，其中门窗、隔扇、花牙、挂落等小木作很考究。仅窗户类型就有风窗、落地窗、开启窗等多种，花格变化各异，其中以条形纹、回形纹、方格

（a）穿斗式木结构与竹编夹泥墙（涪陵区大顺乡大顺村李家祠堂）

（b）穿斗式木结构与木板壁墙（秀山县清溪场镇大寨村）

（c）条石结构建筑（渝中区鹅岭公园桐轩）

（d）乱石结构建筑（武隆区沧沟乡沧沟村）

（e）生土建筑（涪陵区大顺乡施泥湾民居）

（f）砖结构建筑（江津区塘河古镇石龙门庄园）

图7.13 就地取材，朴实自然的民居建筑（一）

纹居多。通过不同疏密的排列，变化多样，做工细腻，脉络清晰。与其他地区不同，由于盛产石材，本地石雕工艺更高。石雕被大量用于抱鼓石、柱础、栏板及"太平缸"，常用吉祥图案、动物花草、历史故事、戏剧人物作为装饰题材，形象生动自然。屋脊喜用蓝花碎瓷片镶饰表面的"嵌瓷"做法，比较广东

潮汕地区的工艺，更能看出重庆人朴实的民俗民风和率直的审美意趣（图7.14）。

7.1.4 对比法则，形象鲜明

恰似重庆人率真热辣的性格，重庆民居建筑在虚实、质感、色彩等方面，对比强烈，形象鲜明。

（a）屋脊嵌瓷装饰（涪陵区青羊镇陈万宝庄园）

（b）封火山墙上淡雅的彩绘（云阳县凤鸣镇彭氏宗祠四合头院子）

（c）乱石砌筑的台基与飘逸的民居（酉阳县天馆乡谢家村）

（d）石板瓦、石头墙与井干式木墙（城口县高楠镇方斗村）

（e）柱础（涪陵区大顺乡大顺村李家祠堂）

（f）红色的条石墙（永川区松溉古镇）

图7.14　就地取材，朴实自然的民居建筑（二）

在多阴雨、少阳光的气候条件下，强烈的对比与建筑形象的鲜明性尤其重要。

1）虚实对比

虚实关系的建构，是山地民居建筑造型形态的重要内容。为了与厚重的山、柔美的水和谐共生，一种亦虚亦实、亦动亦静的整体构形策略被自

如运用于山水环境的民居建筑之中。中国传统建筑向来以平和的水平向度铺展为特色，然而重庆民居建筑在山地环境的影响下却表现出孑然突兀的特征。建筑从平面布局到立面构图都不完全遵循严格对称的法则，反而高低错落有致，构图不拘一格，有着多种对比。地形的高差夸大了建筑的竖向

（a）沙坪坝区磁器口古镇（一）

（b）沙坪坝区磁器口古镇（二）

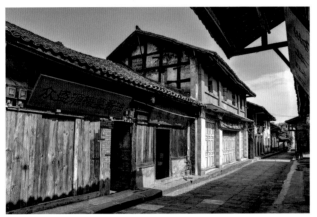

（c）巴南区丰盛古镇（一）

（d）巴南区丰盛古镇（二）

图7.15 民居建筑美轮美奂的光影

图7.16 民居建筑强烈的虚实对比（忠县老官庙）

廊、挑楼、吊脚、架空处理，在建筑上产生了上与下、前与后、高与矮、虚与实的强烈对比，既表达出建筑对环境的对抗与适应，又展现了建筑丰富的光影变化（图7.15）。

"虚实变化"的特征，还充分表现在从聚落到建筑，介于实与虚之间的灰空间的层次变化与形态变化之中，如忠县老官庙大殿的灰空间与厚重的石柱、高大的台阶及封火山墙形成强烈的虚实对比（图7.16）。场镇中各式檐廊街、凉厅子街、吊脚半边街、骑楼街等，使场镇公共空间与人们的住居生活联系紧密而自然，打破了建筑内外截然隔离的关

空间尺度；建筑的随曲合方、轻巧出檐又令建筑具有了雕塑感极强的张扬形体；大量出现的挑廊、凹

系,使场镇街道成为最富有人情味的交往空间。合院建筑中大小院落、天井和围绕生成的敞厅、檐廊、跑马廊以及四周雕花的门窗、挂落等,也使看似简单封闭的合院,成为宜居的小环境。如江津区四面山会龙庄大大小小的天井院落与鳞次栉比的青瓦屋面形成了强烈的对比,具有很强的视觉冲击力(图7.17)。

图7.17 天井院落与青瓦屋面的虚实对比(江津区四面山镇会龙庄)

2)质感对比

由于山地建筑用材丰富,材料本身的质感差异带来建筑造型的变化。比如,砖石墙的厚重感和体积感与木构件轻巧灵动、构架穿插的效果结合起来,使得建筑造型更加富于线条与块面、轻与重、粗糙与细腻的对比,也更加能够和周围山纵水横的空间肌理建立起内在的共鸣。

(a)石柱县西沱古镇民居

(b)垫江县太平镇皂角村天星桥民居

(c)北碚区偏岩古镇沿河民居

(d)云阳县凤鸣镇彭氏宗祠

图7.18 民居建筑色彩、质地与形状的对比

3）色彩对比

由于取材天然，决定了建筑色彩整体保持中间色系，较少有明度和纯度过高的色彩，以大片的灰褐、土黄以及少数暗红、白、黑等为主，它们与山川大地的色彩一致，在自然环境的衬托下显得温和而不生硬，朴实而深沉。同时，建筑本身又有粉白墙体与外露的深棕褐色系为主的屋架梁柱构件以及青灰色瓦顶之间的对比协调，使色彩层次更加丰富（图7.18）。

7.2 兼收并蓄，礼制有序

7.2.1 移民往来，兼收并蓄

自先秦至明清时期，重庆地区曾有多次东西、南北文化的重大交流与汇聚，造就了今日巴渝文化包容杂糅、兼收并蓄的鲜明特征。这一点也深刻体现在地区民居建筑文化的发展上，表现为建筑形态与技术中的多源杂融特征。

先秦时期，西进移民将楚文化带入本地区，早期巴人的干阑式民居体现出这一时期南方建筑发展的影响。秦汉以后，中原建筑文化大举进入，合院式建筑形态成为主流。期间，濮人、僚人等南方族群建筑文化的影响一直持续，并且和重庆山地环境相适应，逐渐形成合院建筑、吊脚楼建筑并存杂处的状况。明代和清初，多次的大规模移民和迅速增长的商贸往来，使南北多方文化在较短时段内大举影响了本地区，并且首次使东南建筑文化对重庆的影响超过中原地区。入渝移民带来的南北文化基因在重庆民居建筑文化的整体构成中被保留下来。以三峡地区为例，由于毗邻湖北，以重庆为中心的三峡各个沿江府、州、县正处于"湖广填四川"移民迁徙路线之上，因而吸纳了较多移民，尤其是湖广籍移民。因而楚俗在渝东北一带风俗文化中也居于主流地位，特色最为鲜明，如此一来，三峡地区"民俗半楚"的现象尤为典型。另以客家文化为例，至今荣昌、涪陵等地还有客家移民村落，客家土楼和客家方言岛保存完整，涪陵大顺乡瞿九酬客

家土楼就是其中的代表。

其次，由于五方杂处，不同于一般本土文化与外来文化之间的关系呈现强弱对峙、原生形态和移入形态界限分明的状况，除了少数实例可以看到非常典型的移民文化痕迹外，更多情况下，以文化的杂交混处为主要特点。也就是说，虽然在一定区域范围内的不同小区域形成了文化特色上的差异，但是彼此界限并不十分鲜明，体现出兼收并蓄的特点，对交杂于此的中国南北纵向、东西横向的建筑文化与技艺进行了适合本土自然、经济与人文生态的文化整合，生成了独具地方文化内涵的新体系。然而，渝东南地区与渝东北、渝西地区的民居建筑却有着较大的差异，这主要是由于渝东南地区土家族、苗族等少数民族文化的影响所致。

近代以来，重庆对西方文化势力侵入带来的种种建筑形式，也并未完全照抄照搬或完全拒绝，而是择其善者而用之，并巧妙地结合到自己的建筑形式中。虽为"中西合璧""折中主义"，但也是中学为体，西学为用，有所借鉴创新，土洋结合，风趣可爱，在外来文化式样中渗透着深情的乡土气息（图7.19、图7.20）。

7.2.2 礼制有序，拓扑变换

虽然重庆民居建筑受到多种外来文化的影响以及地形条件的限制，其平面布局及立面造型不论如何灵活变通，但是对主要的或核心的部分务必求正，而且位于显要之处，这也是一种追求"礼制有序"的价值观与营造观。

中国民居建筑的发展一般基于"选择—范式—模仿—改进"的模式。通过长期自然筛选，形成一种符合经济技术条件和生活方式的基本形制和建构方式，这种方式得到广泛的认同和大量建造，逐渐成为一种范式（王昀，2009）。重庆民居建筑的发展也是基于这种发展模式，其范式是基于需求、条件限制（自然条件和经济技术条件）、民族特质和文化，经过长时间的自然选择自发形成的。

其实，重庆民居建筑发展的范式同样来自

（a）涪陵区大顺乡大顺村洋房子

（b）渝中区李子坝刘湘公馆

（c）巫山县龙溪镇苏家洋房（一）

（d）巫山县龙溪镇苏家洋房（二）

图7.19　重庆部分"洋房子"民居建筑

图7.20　南川区水江镇嵩芝湾洋房

"间"和"院落"，即"围护构件→间"的单体空间结构关系；"三间成幢"，"间→厢→院→聚落"的整体空间结构关系（图7.21）。巴渝先民把这种范式作为基本的原型进行模仿，并根据具体的情况和使用需求进行局部的调整和改进，如采用吊脚楼的形式进行分层筑台、顺势架空。民居建筑正是在这种"模仿—改进"的循环中，随时间的推移平稳而缓慢地演变发展，并在一段较长的时期内保持相对稳定的范式，从而形成了具有相似性的统一风貌。

从某种意义上讲，重庆民居建筑同样隐含了"院落"空间的特征。其含义主要体现在：淡宗教而浓于伦理与礼制，重人本精神与实用性（伍国正、吴越，2011）。正如阿摩斯·拉普卜特（Amos Rapoport）在其著作《宅形与文化》（House Form and Culture，1969）中所说的："社会文化是决定居住形式的主要因素，气候、物理条件只是修正因子。"因此，重庆民居建筑的空间特征只是在传统院落民居的基础上，由于受到当地特殊地形条件的限制而进行的修正，包括简化和功能的调整。

从自然环境角度看，自然环境提供了发展和限制两个因素。重庆对于中原文化的汲取受限于自然环境，并且通过自然环境促成了某些方面的发展。历史上，中原的"间"和"院"民居具有良好的居住适宜性，对于相对落后的巴渝地区而言，这种民居是先进的。当地先民在学习先进的中原文化过程中，也发展了适宜自身的民居。由于受限于自然环境，坡多平地少，中原"院"的形态在该地区发生变化，产生了如"三合水""钥匙头"这种简化的"院"，其实就是在一定限制条件下的发展，表现出了一种动态性和兼容性。民居是组成传统聚落的细胞，民居形态的差异，便导致了传统聚落空间形态也存在一定的差异。

（a）幢

（b）厢

（c）院

（d）聚落

图7.21　民居建筑由"间到聚落"的发展过程（秀山县清溪场镇大寨村）

虽然重庆民居多种多样，但其最基本的构成单元是"一明两暗"的"间"空间。经由"间"的转化组合而成"院"空间，院空间随即又组合形成合院空间，合院空间的组合又形成院落组空间，院落组与道路的组合形成地块，与街巷的组合形成街坊空间等，这样一步步组合最终形成不同形态的聚落主体。因此，"间→院→合院→院落组→地块→聚落"这一系列空间要素便组成了"群"（图7.22）。

这个"群"既是聚落内各要素的集合，也是聚落景观体现的文化集合。"一明两暗"中暗的空间承载的是民族文化中个人隐私的文化；院的文化则是体现了家族内开放交流的文化，家族隐私则由于院的产生而与外界隔离。同样，聚落则代表了内部的等级、沟通交流形式，部族的隐私由聚落同外界隔离。这个文化"群"充分体现了文化的等级，由个人到家，再到家族、部族，隐私的重要性逐渐减少

而开放性增强。

聚落空间中不但不同层次上的空间要素存在着差异，而且同层次上的不同要素也存在着区别，这些差异和区别以不同于"群"的结构方式，使不同的聚落空间形态呈现出不同的"序"特征。合院是"序"结构的最初体现：间与厢、门与堂的位置区分和形制变化导致尊卑主次的基本空间等级；一虚一实，一放一收构成最简洁的空间序列；而合院沿中轴的并接生长不但形成最基本的空间演化，而且是以合院为单元的空间等级与空间序列的重复和强化，并且还进一步在合院之间造成新的等级秩序和空间序列。

"群"和"序"的结构原型，与空间要素的形状、大小、空间位置等物质形态密切关联。但空间结构中还同时存在着空间要素在空间范围上的连通、邻近、包含等抽象的关系，以及在组织关系上

（a）巴南区丰盛古镇

（b）北碚区偏岩古镇

（c）酉阳县泔溪镇大板村

（d）酉阳县苍岭镇石泉苗寨

图7.22　"间→院→合院→院落组→地块→聚落"中"序"的特征

的相似相仿的对应和变换关系，这些关系与空间具体精确的属性并没有太紧密的联系，而是与拓扑学中一一对应下的连续变换的性质息息相关；这些关系是以点与点之间的联系、线与线之间的相交、面与面之间的界定为基础。它们的原型就是"拓扑"。

"拓扑"作为民居聚落空间的结构原型之一，主要体现了空间各要素之间的拓扑变换，以及要素之间及要素与整体之间的连通关系和相似关系。重庆传统民居聚落，由于受到地形的影响和限制，通过拓扑变换形成了以下4种空间形态：团块式聚落、组团式聚落、条带式聚落与散点式聚落。

7.3 类型丰富，地域明显

7.3.1 类型丰富，灵活多样

民居建筑的分类是民居形态研究中的重要内容和基础，因为它是民居特征的综合体现。多年来，许多专家学者进行了深入的研究，形成了种类繁多的中国传统民居分类方法，这些方法都是从不同的侧重角度来考虑的。对于重庆民居建筑，可以根据以下几种方法进行分类。从中可以看出，其类型十分丰富，为了适应山地环境及湿热气候条件，其空间变换与组合也很灵活。

1）基于使用功能的民居建筑类型

根据使用功能，民居建筑可以分为以下主要类型：

（1）居住型

居住型，顾名思义，是以居住为主的民居类型，在乡村和城镇均有分布，因此又可以把居住型民居分为乡村居住型和场镇居住型两种类型。

①乡村居住型民居

平面布局灵活，空间开阔。一方面由于重庆地区的生产方式以稻作农业为主，农业人口众多，乡村地域广阔，多分布于山区林地，因而农村住宅用地相对较为宽松；另一方面由于院落空间和农业生产、生活相关，院落形制上不严格遵照宗族法度与礼制观念，多依山就势、因地制宜。乡村居住型

民居规模一般不大，同时受重庆地区"别财异居，人大分家"风俗的影响，乡村居住型民居大多分散布局，呈单家独户型特征；但有的三五成群，呈集聚簇群式发展。造型也较城镇居住型民居自由、灵活。院落空间根据农户各家的经济状况以及宗族伦理价值的不同，形成了不同形制特征。平面格局多以最基本的一字型及曲尺型为主，规模稍大的居住型民居则会修建"一正两横"的三合院式住宅，规模较大、人口较多的农户则会围合成四合院（图7.23）。

②场镇居住型民居

与乡村相比，场镇以非农业生产为主，人口密集，建设用地较紧缺，致使民居建筑空间紧凑，具有窄面宽、长进深的空间特点。多以街道组织布局，或一街贯穿，或形成纵横网络，一般有主次之分。街道两侧的宅院通常都以紧凑的天井来组织空间，然后以这种天井原型为母题，以垂直主街的轴线进行纵向串联，最后形成了面阔窄、进深大、并列排布、错落有致的多进多列紧凑型天井院落空间。重庆地区的这种井院民居兼具南北特色，一般比北方四合院小一些，而比南方天井院大一些，既具有北方封闭式合院特色，又兼融南方的敞厅和小天井形态。在封闭的院落中，采用天井、敞厅、挑廊等特色构造使室内外空间交融，形成的"外封闭、内开敞"空间形态是重庆城镇居住型民居的特色。这种空间的组织手法是居住空间的有效扩展，是组织流线的主要手段，形成了内外合一、层次丰富的空间效果，同时这种空间也很适应重庆地区闷热多雨的气候特点，巧妙地解决了通风采光问题（图7.24）。

（2）店宅型

重庆地区的商业繁荣、地少人稠，场镇人口相对密集。因为用地面积的限制以及商业需求，民居建筑的沿街面多设置店铺，以进行商贸活动。店宅型民居便是这种为适应城镇居民生活起居和商贸经营活动而产生的一种沿街、多功能的民居类型，在重庆地区众多的场镇建筑中占有很大比重。一

般来说，店宅型民居多为窄面宽、大进深，形成前店后宅型、店宅分层型的布局（图7.25）。

①前店后宅型民居

店面临街布置，形成良好的商业氛围，既利于招揽顾客，又可借助街道空间形成良好的购物环境。同时临街店铺的设置可以有效地隔离街道噪声，减少商业干扰，保证后部居住空间的舒适性。重庆地区气候温和，潮湿多雨，店面大多开敞处理，不设门窗且挑檐深远，使得店面与街道空间互相渗透。后部居住空间与店面紧密相连，内外联系十分便利，它有多种布局方式。当业主家庭结构简单，居住空间以单开间纵深布置，依次安排起居室、卧室、厨房等；当业主家庭结构复杂，经营内容丰富时，店面亦可扩展为多开间，而居住空间也变得丰富多样。一般做法是围绕天井布置各种空间，形成内聚多天井的院落组合。

②店宅分层型民居

该类民居又可分为下店上宅型和上店下宅型。重庆多山地丘陵，受地形所限，联排民居进深受限制，为了获得更多的空间，扩大使用面积，形成一楼一底或者两楼一底的店宅式民居。当业主家庭结构简单，底层作为店铺使用，二楼作为居住使用，将一些流线处理上必须置于底层的功能空间置于店面之后，诸如起居室、厨房、厕所等。当业主家庭结构复杂，经营规模庞大时，临街面亦可扩展为多开间带楼层的店面，后部居住空间单独设置宅院出入口。另外，有时候受山地地形条件的影响，将平街层作为商铺，把下落的一层作为居住用房，成为上店下宅的形式。

现以笔者实施的一栋下店上宅型传统民居建筑改造为例进行说明。

该民居建筑位于铜梁区安居古镇火神庙街，坐

（a）单家独户型（黔江区某民居）

（b）集聚簇群型（一）（合川区三汇镇某民居）

（c）集聚簇群型（二）（黔江区某民居）

（d）集聚簇群型（三）（黔江区某民居）

图7.23 乡村居住型民居建筑

西朝东，建筑平面为"竹筒屋"形，开间3.6 m，进深18.6 m，两层，木楼板，底层层高3.3 m，屋脊高度7.26 m；屋顶为悬山式小青瓦合瓦屋面；承重结构为穿斗式木结构；围护结构：正立面为木板壁，两侧山墙（与两边的房屋共用）及背立面为竹编夹泥墙；竖向空间为长拖檐（梭檐）式；背立面紧邻山体悬崖。

该民居在改造前存在的主要问题是：a.进深大，各功能房间使用不方便；b.通风采光很差，特别是靠后的房间；c.雨季地面返潮严重；d.二楼夏热冬冷。因此，经过认真分析研究，在不破坏整体风貌及平面功能的前提下，为了改善物理环境，提升居住功能，采取了以下几点措施（图7.26）。

（a）沙坪坝区磁器口古镇（一）

（b）沙坪坝区磁器口古镇（二）

（c）黔江区濯水古镇樊家大院（一）

（d）黔江区濯水古镇樊家大院（二）

图7.24 场镇居住型民居建筑

a.使用功能改造

底层功能改造：将原有客厅及卧室合并为对外营业的门市；将以前的简易楼梯改为双跑楼梯，把楼梯间外移并采用玻璃体（后改为坡屋顶楼梯间）直通屋顶，可直接将自然光引入室内；卫生间增加风机利于通风。

二层功能改造：新增交通廊道，以解决房间之间的穿套问题；杂物间改为卧室，可通过楼梯间侧窗采光；客厅上移，新增厨房和卫生间，供主人单独使用。

屋顶功能改造：在不影响整个古镇风貌的前提下，采用倒置式屋面做法，将原来的后坡屋顶近屋脊2/3处以下改为平屋顶，以增加二层的房间面积及功能要求，如新增的客厅、厨房及卫生间；改造成的平屋顶可作为室外休闲空间。

b.热压通风与天然光引入

通过楼梯间的烟囱效应加强通风，并在底楼、二楼的卫生间增加通风机以进一步强化通风；通过楼梯间坡屋顶的亮瓦把自然光引入室内；因二层的后坡屋顶经过抬升并改造为平屋顶，靠北的山墙可开窗，能把自然光引入室内。

c.保温隔热优化

墙体：在两侧山墙墙体内部增加30 mm复合岩棉保温板；门窗：将以前的单层玻璃改为中空玻璃；屋顶：对改造成的平屋顶进行屋顶绿化，坡屋顶房间吊顶内增加保温层。

d.防潮处理

除卫生间外的底层地面可采用架空楼板的方式来解决防潮问题。改造后的实景效果如图7.27所示。

（3）店坊宅型

重庆地区以手工业生产为主的小商品经济十

（a）前店后宅型（巴南区丰盛古镇）

（b）前店后宅型（巴南区丰盛古镇）

（c）店宅分层型（酉阳县龙潭古镇）

（d）店宅分层型（沙坪坝区磁器口古镇）

图7.25　店宅型民居

（a）一层平面改造前后对比

（b）二层平面改造前后对比

（c）改造前剖面图

（d）改造后剖面图

（e）一层平面改造后通风示意图

（f）改造后屋顶平面图

图7.26　铜梁区安居古镇某传统民居建筑改造设计方案

分繁荣，因而在商品经济活动中，除了一部分商人从事专门的商品流通买卖之外，有很大一部分生产经营活动都是自产自销的。这就产生了集生产、销售以及居住为一体的民居类型——店坊宅型（图7.28）。在重庆地区具有代表性的手工作坊有糕点、染房、酿酒、织锦、制茶、铁铺、榨油、磨面等。

店坊宅型民居空间布局一般为：前店、后坊、上宅。店面临街布置，可形成良好的商业氛围和购物环境。作坊一般设于店面之后，利用单进天井院落组织生产与销售流线，利于操作，也便于管理。

（a）临街大门

（b）位于底楼临街的店面

（c）位于底楼后部的厨房

（d）位于二楼的卧室

图7.27 铜梁区安居古镇某传统民居建筑改造后效果

（a）临街大门

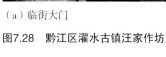

（b）由天井院落组织店、坊、宅等空间

图7.28 黔江区濯水古镇汪家作坊

大型的作坊一般以院坝与天井组合空间,院坝提供晾晒加工的场地,天井便于采光和通风,而小型的作坊仅在店面之后留出较大空间进行加工生产。为了尽可能地减少作坊对生活起居的影响,起居空间多设于楼层之上。如酿酒、制茶、铁铺等需要较大生产操作空间的作坊院落,一般将底楼空出,供作销售、生产之用,住居多设于二楼;产品与原材料另辟后入口与后街相连,避免运输对营业的干扰。边生产,边营业,既方便生产,又不妨碍家居生活,也有利于管理。

（4）防御型

防御型,又可称为寨堡型,主要是指具有防御功能的碉楼式、围楼式民居建筑。详见第5章。

①碉楼式民居建筑

在重庆不同地区,对这种碉楼式建筑也有不同的称谓,如在渝西地区大多称"碉楼""炮楼",在渝东北大多称"箭楼""搂子""桶子"。实际上,其作用大体一致,都是指高耸直立、用于防守和攻击的塔式构筑物,利用高度优势获取良好的视线从而有效地牵制敌人。依据碉楼有无住宅以及它与住宅的组合关系,可将碉楼式传统民居分为:分离式、附着式、嵌入式、围合式等4类碉楼式民居。目前许多碉楼式传统民居周围的住宅已被破坏损毁,只剩下孤零零的碉楼,好像在诉说着它悲壮而凄凉的历史（图7.29）。

②围楼式民居建筑

它是介于聚落与建筑之间的一种大型复合式聚居模式,绝大多数是以单姓家族或以血缘宗族关系为主而形成的。它外闭内敞,外围建高大墙体,类似小型堡垒,其外墙既具有防御作用,本身又是房屋的有机组成部分。如涪陵区大顺乡的瞿九酬客家围楼。

（5）公共型

在重庆传统聚落中流行"九宫八庙"或"九宫十八庙"之说,其实这些宫观祠庙是民众参与公共活动和宗教信仰的重要场所,集中表达了社会精神风貌和乡俗民情,与当地的民居一样充满了浓郁的乡土气息,深深烙上了时代的印记。它们在传统聚落中的选址布局、空间形态以及景观环境等方面有着显著的特征,是聚落的地标性建筑,是聚落人居环境中的重要精神空间。它们的空间形态不仅烙上了典型民居的印记,而且大多具有居住功能。因此,从广义上讲,可把它们归类为公共型民居建筑,主要包括会馆、寺庙、祠堂、书院等四大类型（图7.30）。详见第4章。

（6）生产型

在传统经济条件下,小商品经济的发展主要依靠手工业和农副产品加工业,所以场镇的作坊建筑成为一种专门类型,如织染、制茶、编藤、酿酒、榨油、磨面、打米等,一般多在场镇周围修建,其建筑风格也为传统民居风格,只不过其使用功能不同而已（图7.31）。

2）基于建筑平面的民居建筑类型

重庆民居的建筑平面可谓丰富多彩,花样繁多,但归纳起来不外乎有"一"形、"L"形、"凵"形、"口"形等4种基本平面形制及其组合体（图7.32）。其实,后三种形制也是从原型"一"形逐渐发展演变而来的。详见第8章。

（1）"一"形平面

"一"形平面是最简单、最基本的形制,是民居建筑平面的原型,常为一般平民居住,形成独栋式民居,在农村中占有相当大的比重,是一种随处可见的比较简易的普通民居。因为重庆山地较多,基地狭窄,非常适合这种"一"形民居的建造。

（2）"L"形平面

"L"形平面是在"一"形基础上发展起来的,由正屋和厢房组成。厢房又称"横屋",一般2~3间。这样就在正房前面形成一个半围合的场地——院坝,有的围以围墙、竹篱或栅栏,可视为院落的雏形,已具备一定程度的围合意向,但不太明显。

（3）"凵"形平面

"凵"形平面是在正屋两边都伸出厢房,这种房屋的平面形制一般为正屋三间或五间,两边厢房为二到三间,这主要取决于居住者的经济条件

（a）开州区临江镇应天村肖家箭楼

（b）开州区临江镇应天村田家箭楼

（c）涪陵区青羊镇某碉楼

（d）石柱县石家乡姚家院子箭楼

图7.29　孤零零的碉楼

和家庭需要。与"L"形相比，"凵"形具有更强的围合意向。

（4）"口"形平面

可把"口"形平面分为四合院与天井院两种基本形制。重庆四合院形状多呈方形，兼具南北方的特点，即其院落比北方的要小，比南方的天井院要

大。与四合院相比，天井式"口"形民居的天井多窄而深，呈狭长形，占地面积较小，四周布置的房间数也较少。

3）基于屋顶造型的民居建筑类型

屋顶是我国传统建筑中最富有特色和个性的地方，是先民为满足建筑中排水、避雨、遮阳等实

（a）南川区石溪乡王家祠堂（雷坪石民居）

（b）荣昌区路孔古镇赵氏宗祠

（c）荣昌区路孔古镇湖广会馆

（d）铜梁区安居古镇天后宫（福建会馆）

（e）江津区塘河古镇廷重祠

（f）酉阳县后溪古镇白氏宗祠

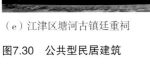

图7.30　公共型民居建筑

（a）江津区塘河古镇酿酒作坊　　　　　　　　　　（b）永川区松溉古镇酿酒作坊

图7.31　生产型民居建筑

（a）"一"形平面民居（秀山县清溪场镇大寨村）　　　（b）"L"形平面民居（酉阳县苍岭镇石泉苗寨）

（c）"凵"形平面民居（酉阳县西水河镇河湾村）　　　（d）"口"形四合院民居（沙坪坝区冯玉祥旧居）

（e）方形天井院民居（江北区鸿恩寺文化园）　　　　（f）长方形天井院民居（沙坪坝区冯玉祥旧居）

图7.32　基于建筑平面的民居建筑类型

际需要, 经过长期不断意匠而逐渐形成的。其造型与色彩既体现了古代宗法礼制制度, 又彰显了天人合一、独具匠心的营造理念。重庆民居建筑的屋顶造型主要有: 悬山式、歇山式、四坡水式、硬山式、攒尖式、封火山墙式等屋顶类型, 由此还形成众多的组合形式:"平齐、趴、骑、穿、迭、勾、错、扭、围"等(图7.33)。详见第9章。

4)基于竖向空间的民居建筑类型

重庆民居建筑在营建过程中, 往往会受到各种因素的制约, 其中最具影响力的就是地形因子和气候因子。但在长期的调适过程中, 根据当时的经济技术水平, 如何利用地形, 争取空间, 改善条件, 减轻不利气候条件带来的不良影响, 各式民居创造了不少巧妙的处理手法, 无论地形怎样变化, 建筑皆能因地制宜, 随势赋形, 融于环境, 虽为人作, 宛自天成, 积累了十分丰富的有关民居建筑竖向空间有

机组合及合理利用的营造经验, 同时也造就了重庆民居建筑独有的地域特色与景观信息。归纳起来, 主要有以下类型: 檐廊式、悬挑式、层叠式、骑楼式、吊脚楼式、碉楼式、庭院式等(图7.34)。详见第10章。

5)基于材料结构的民居建筑类型

重庆地区适宜建筑的自然材料丰富, 加之经济性和便利性考虑, 先民建房习惯于就地取材, 因材而筑。木、石、土、砖成为主要的建筑材料, 并且能够根据不同材料的特性, 发挥各自优势, 加以综合利用。因此, 形成了木结构建筑(包括穿斗式、抬梁式、穿斗抬梁混合式、井干式)、石结构建筑、生土结构建筑、砖结构建筑及其混合结构等多种类型(图7.35)。详见第11章。

6)基于建筑风格的民居建筑类型

近代以来, 西方文化对巴渝建筑的影响首先来

（a）悬山式屋顶（酉阳县天馆乡谢家村）

（b）歇山式屋顶（地方做法, 酉阳县龚滩古镇）

（c）歇山式屋顶（江北区鸿恩寺文化园郑家院子戏楼）

（d）封火山墙式屋顶（江津区塘河古镇石龙门庄园）

图7.33　民居建筑部分屋顶形式

（a）檐廊式民居（大足区铁山古镇）

（b）悬挑式（挑檐挑廊式）民居（黔江区濯水古镇）

（c）骑楼式民居（涪陵区大顺乡大顺村洋房子）

（d）吊脚楼式民居（江津区白沙古镇）

图7.34　民居建筑部分竖向空间形式

自于传教士。明末崇祯年间，意大利籍神父利类思和葡萄牙教士安文思到成渝两地传教。至咸丰六年（1856年），由于天主教在巴蜀两地快速扩张，原四川代牧区划分为川东南代牧区（重庆教区）和川西代牧区（成都教区）。川东南代牧区主教府设于重庆塞家桥真原堂，管辖川东南63个县天主教会事务。咸丰九年（1859年），又从重庆教区划出宜宾、自贡、泸州等27县成立叙州府（今宜宾）教区。重庆开埠后，教会势力进一步扩展，1903年成立了万县教区，管辖万县、奉节、梁平、邻水等10县。西方教会广泛渗入巴渝城乡，甚至极为偏远地区也有教会的身影。西方传教士、外交官、探险家、商人等大量进入重庆后，建造了数量众多的西式风格建筑；重庆近代到西方留学者甚多，他们也带回了西方建筑设计理念和美学意境，并在建

造房屋时付诸实践。至今为止，在一些非常偏僻的乡村，都有一些民居建筑在拱廊、尖顶、透窗、窗花、门楣、老虎窗、壁炉、烟囱、浮雕等部位带有明显西式建筑风格。中西合璧、折中主义风格也构成了巴渝建筑风格特色之一（何智亚，2014）。因此，重庆民居按建筑风格可分为中国传统式、中西合璧式和西式三种类型，其中中国传统式数量最多，占绝对的主导优势；其次为中西合璧式；最少的为西式（图7.36、图7.37）。

由此可见，不管是从使用功能、平面形制、屋顶造型、竖向空间，还是从建筑材料、建筑风格等方面进行分类，重庆民居建筑类型都是十分丰富的，其主要原因：一是重庆地区地形十分复杂，既有山地、丘陵，又有台地、平坝、河谷；二是历史上社会经济发展水平的区域差异比较大，渝西地

（a）穿斗式木结构（酉阳县苍岭镇石泉苗寨）

（b）抬梁式木结构（江津区四面山镇会龙庄）

（c）石结构建筑（城口县高楠镇方斗村）

（d）生土结构建筑（九龙坡区走马古镇成渝驿道）

（e）砖结构建筑（江津区塘河古镇石龙门庄园）

（f）砖石木混合结构建筑（万州区长岭镇良公祠）

图7.35　基于材料结构的民居建筑类型

区较发达，渝东北地区次之，渝东南地区较落后；三是文化的区域差异较大，渝西、渝东北为汉文化区，而渝东南地区则为土家族、苗族文化区，且整个重庆地区受南北文化、西方文化等多元文化的影响较深。这些影响因素不仅造就了民居类型丰富多彩，而且为了适应重庆地区特殊的地理、经济、文化环境，民居建筑的平面、竖向、屋顶、材料、结构、风格等空间形态要素也会灵活变通，体现了重庆民居建筑较先进的哲学理念、生态智慧与技术水平。

（a）沙坪坝区张治中旧居

（b）酉阳县桃花源景区陶公祠

（c）涪陵区青羊镇某民居

（d）巴南区南彭街道朱家大院

图7.36　重庆地区中国传统式民居

（a）九龙坡区走马镇孙家大院

（b）涪陵区义和镇刘作勤庄园

（c）北碚区蔡家岗街道陈家大院

（d）江津区支坪镇真武场某民居

图7.37　重庆地区中西合璧式民居

7.3.2 地域明显，自成体系

1）形成了具有重庆地域特色的民居建筑体系

由于重庆地区具有特殊的地理、历史、文化环境，使得其民居建筑与其他地区有较明显的差异，形成了具有重庆地域特色的民居建筑体系，即"依山就势，随地赋形；适应气候，通透开敞；就地取材，朴实自然；对比协调，形象鲜明；兼收并蓄，礼制有序；类型丰富，灵活多样。"其中，最具特色的民居建筑空间形态主要表现在以下几个方面。

（1）灵活架空的吊脚楼式民居建筑

它源于对地形、气候的适应与应对，并通过合理的结构逻辑、局部空间处理、生产生活实用性等方面体现出来。这是一种真实、自然的美（图7.38）。

（2）随形就势的山地台院式民居建筑

它源于对山地环境的应对与适应，在基本保持原有形制格局的同时，常结合地形因地制宜发展出独具特色的山地四合院或山地天井院，并根据不同的使用要求有多种多样的灵活布局，庭院竖向空间形态变化丰富，即将基地辟为若干阶台地，沿等高线纵深递进而上，一台布置一院或二院，最终形成"山地型重台重院"类型，简称"山地台院"（图7.39）。

（3）居住与防御相结合的碉楼式民居建筑

它源于四川盆地与贵州高原、武陵山区接壤这一特殊区域，历史上匪患较多，再加上不断的农民起义，所以为了加强防御，比较考究的民居都建为碉楼式民居，主要分布在渝东北与渝西地区（图7.40）。

2）形成了各具特色的山地河流域、山地腹地域民居建筑体系

重庆地区不但山地丘陵广布，而且江河众多，因此，可把重庆分为山地河流域与山地腹地域两大地貌类型。山地腹地域，特别是位置偏僻、交通不便的中山地区，是山地文化保守性、排他性和崇尚个性特质的典型区域，其民居建筑的使用功能比较单一，以居住为主；风格也比较保守传统，以木材、石料、夯土等建筑材料为主，装饰语言以传统符号为主。而在山地河流域却具备了一定开放性和兼容性的特征，如沿河分布的古场镇中的"九宫十八庙""封火山墙式""店宅式""店坊宅式"等民居建筑都体现了山地河流域的特色（图7.41）。当然，也不排除个别特殊的情形，如深居山地区域的某些豪宅，也大量使用砖甚至玻璃等新材料，以及灰塑等新的装饰工艺。这表明：除了地理、历史、文化等环境因素对建筑风格有影响之外，业主的经济实力、价值观念等也是一个重要的影响因素。

3）形成了各具特色的渝西、渝东北、渝东南三大民居建筑地域体系

根据地形地貌、社会经济发展水平、历史沿革及民族文化差异，可以把重庆市划分为渝西、渝东

（a）酉阳县龙潭古镇

（b）酉阳县西酬镇江西村

图7.38 灵活架空的吊脚楼式民居

（a）忠县老官庙

（b）沙坪坝区张治中旧居

图7.39　随形就势的山地台院式民居

（a）丰都县董家镇杜宜清庄园碉楼

（b）南川区石溪乡王家祠堂碉楼

图7.40　具有防御功能的碉楼式民居

（a）山地腹地域民居（涪陵区大顺乡）

（b）山地腹地域民居（秀山县海洋乡）

（c）山地河流域民居（一）（黔江区濯水古镇）

（d）山地河流域民居（二）（永川区松溉古镇罗家祠堂）

图7.41　山地腹地域与山地河流域民居比较

北、渝东南三大区域，相应地形成了各具特色的三大民居建筑地域体系。

（1）渝西地区民居建筑体系

渝西主要包括重庆主城区及其周边的合川、潼南、铜梁、大足、荣昌、永川、江津、綦江、南川、涪陵、长寿等区，以丘陵低山地貌为主，人口众多，江河纵横，社会经济最发达，外来文化影响较大，因此，吊脚楼、山地台院、碉楼、穿斗式竹编夹泥墙、夯土建筑、会馆祠庙、中西合璧的"洋房子"等民居类型比较多（图7.42）。

（a）山地台院式民居（铜梁区安居古镇禹王宫）

（b）封火山墙式民居（沙坪坝区张治中旧居）

（c）檐廊式民居（巴南区石龙镇放生塘覃家大院）

（d）穿斗式竹编夹泥墙民居（巴南区丰盛古镇）

（e）碉楼-夯土墙民居（江津区蔡家镇吴家河嘴碉楼）

（f）中西合璧式民居（北碚区蔡家岗街道陈家大院）

图7.42 渝西地区民居建筑特色

（2）渝东北地区民居建筑体系

渝东北主要包括丰都、垫江、忠县、梁平、万州、云阳、开州、奉节、巫山、巫溪、城口等区县，以丘陵、低山、中山地貌为主，山高谷深，人口较多，社会经济较发达，外来文化影响较大，因此，吊脚楼、山地台院、碉楼、穿斗式竹编夹泥墙、夯土建筑、会馆祠庙、中西合璧等民居类型比较多，值得一提的是城口县大巴山区还有重庆唯一现存的井干式民居和石板瓦民居。与渝西地区相比，二者差别不是很大（图7.43）。

（a）山地台院式民居（忠县老官庙）

（b）碉楼式民居（开州区渠口镇平浪箭楼）

（c）井干式－石板瓦民居（城口县高楠镇方斗村）

（d）夯土墙民居（忠县复兴镇水口村）

（e）吊脚楼民居（巫溪县宁厂古镇）

（f）穿斗式竹编夹泥墙民居（忠县复兴镇水口村）

图7.43　渝东北地区民居建筑特色

（3）渝东南地区民居建筑体系

渝东南主要包括武隆、石柱、黔江、彭水、西阳、秀山等区县，以中山、低山地貌为主，山高谷深，历史上实行土司统治，交通不便，人口较少，社会经济欠发达，以土家族、苗族等少数民族文化为主，外来文化有一定影响。因此，穿斗式木板壁、走马转角楼、山地台院以及封火山墙式民居是其主要特色。与渝西、渝东北地区差异较大（图7.44）。

（a）两头吊民居（秀山县海洋乡联坝村）

（b）走马转角楼民居（武隆区浩口乡田家寨）

（c）穿斗式木板壁民居（酉阳县苍岭镇石泉苗寨）

（d）山地台院式民居（黔江区黄溪镇张氏民居）

（e）封火山墙－山地台院式民居（酉阳县龙潭古镇吴家院子）

（f）碉楼式民居（石柱县悦崃镇枫香坪）

图7.44　渝东南地区民居建筑特色

总之，重庆地区民居建筑"师法自然，巧用环境；兼收并蓄，礼制有序；类型丰富，地域明显"。形成如此显著的特征，主要源于区域"地势崎岖陡峭，山地丘陵广布，江河纵横交错，气候高温潮湿，移民活动频繁，文化多元交融"这一独特的自然–人文环境。环境造就了民居；反过来，民居也体现了环境特色，即民居是地域自然与文化的一面镜子。我们应该保护和传承好这面镜子，因为它是我们民族文化的根，是我们的精神家园，也是建筑设计和人居环境营造的源泉。

本章参考文献

[1] 蔡致洁.巴渝民居的文化品格[J].南方建筑，2006（2）.

[2] 王昀.传统聚落结构中的空间概念[M].北京：中国建筑工业出版社，2009.

[3] 伍国正，吴越.传统民居庭院的文化审美意蕴——以湖南传统庭院式民居为例[J].华中建筑，2011（1）.

[4] Rapoport A..宅形与文化[M].常青，等，译.北京：中国建筑工业出版社，2007.

[5] 何智亚.重庆民居[M].重庆：重庆出版社，2014.

第 8 章

平面形制

建筑平面是建筑最本质、最基本的要素构成，正如现代建筑大师Corbusier所说，"平面是根本"。通过分析建筑的平面形制，可以看出其演化发展的规律，这对于探讨和认识传统民居建筑的本质是有重大意义的。重庆民居的建筑平面可谓丰富多彩，花样繁多，但归纳起来不外乎有"一"形、"L"形、"凵"形、"口"形等4种基本平面形制及其组合体。其实，后3种形制也是从原型——"一"形逐渐发展演变而来的。

8.1 "一"形平面

8.1.1 基本形制

"一"形平面（又被称为"一"字形）是最简单、最基本的形制，是民居建筑平面的原型，常为一般平民居住，形成独栋式民居。由于这种形制的民居机动灵活，占地不多，易于建造，多以散居方式分布在山间田野，且为一户一舍，或几户相邻，如同聚居，但各自独立，远看似为组团。这种独栋"一"形民居在农村中占有相当大的比重，是一种随处可见的比较简易的普通民居。因为重庆山地较多，基地狭窄，非常适合这种"一"形民居的建造（图8.1）。

"一"形民居平面常为三开间，是最古老的"一明两暗"形制，也是民居最基本的布局方式，所谓"庶民房舍不过三间五架"。在重庆，这种"一"形民居又叫"座子屋"，其中间为"明间"，两侧为"次间"，"明间"的开间要比"次间"宽些。在重庆"明间"被称为"堂屋"，"次间"被称为"偏房"或"人间"。

这种"'一'形三开间"的形式是民居建筑最经典最基本的组合空间，由此可演化出形形色色的平面空间组合形态。如果说在民居院落建筑群的生成中，"间"是一个平面空间的基本单元，可称为"基元空间"，那么"三间成幢"则是一个基本单元组合模式。所形成的"一列三间"，对民居演化来讲，是民居建筑的核心空间，可以进一步生成"一列五间""一列七间"，乃至"L"形、"凵"形、"口"形等不同的平面空间组合形态。

8.1.2 堂屋与偏房

1）堂屋

"堂屋"居于"一列三间"的最中间，又叫"明间"，是最大的一间，其他开间依次比堂屋减小。在重庆地区，人们对吉祥数字"八"有特殊的情感，因居住者相信"八"同"发"的谐音，具有吉祥的寓意，如"屋高逢八，万载发达；进深逢八，家家发达；开间逢八，阳光满家"等，故建筑的开间、进深、中柱顶高的尺寸中均带有"八"，从而促成了民居建筑的模数体系。例如，通过调查，秀山县清溪场镇田家大院，其堂屋开间一丈五尺八寸、进深二丈四尺八寸；西阳县可大乡的一处座子屋，堂屋开间一丈四尺八寸、偏房开间一丈三尺八寸、中柱顶高度二丈零八寸。两边的偏房开间比堂屋略小，一般要小一尺，若因分家在"偏房"两旁又搭"偏房"，则增加的开间依次减少一尺，但通常减到一定尺寸就不再缩减了。

堂屋内一般不铺设木地板，也无阁楼，室内空间比较高敞。堂屋根据不同家庭的需要，存在细微差异，部分堂屋往往将靠后的两个柱距的空间用

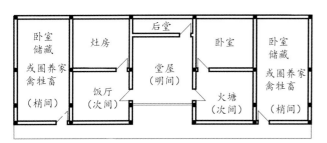

（a）渝东南土家族"一"形五间、堂屋不装门板的典型平面

（b）酉阳县龚滩镇

（c）酉阳县苍岭镇石泉苗寨

（d）酉阳县苍岭镇石泉苗寨

（e）合川区三汇镇康佳村

（f）石柱县悦崃镇新城村

图8.1 "一"形平面及实例

木板壁分隔出来，设置为"后堂"，"后堂"又称为"后座""官房""道房"或"后道屋"。"后堂"不铺木地板，多堆积杂物或通向室外，有的则作为书房或设为火塘屋。堂屋是谈论事情、举办各种活动的地方，如婚丧嫁娶和祭祀（图8.2）。民居建筑是承载民俗文化的重要物质空间载体，民俗活动直接影响着民居空间的功能分布。民俗与民居相结合，从而使居住空间也产生了特殊的涵义（秦娜，2011）。堂屋中最重要的三个组成部分分别是大门、神龛以及在院坝与堂屋之间的门斗门廊。

（1）堂屋门斗门廊

为了强调从院坝到堂屋之间的空间更加具有

丰富的层次感,传统民居常常让堂屋前墙或门槛后退1~2步架,形成一个内凹的门斗开间,简称"门斗"(俗称"燕窝"或"吞口"),从而形成一个重要的过渡空间——灰空间。该空间一般有1~3 m进深,它既不像院坝那样公共开放,又不像堂屋那样封闭肃穆,与前檐廊走道融为一体,成为一个独特的休闲场所——门廊(图8.3)。门廊与堂屋之间,有的有大门分隔,各自成为相对独立的空间;有的没有安装大门,两者合二为一,成为一个空间整体;有的没有大门,但有一门槛进行了空间的划分。门廊空间既可以遮雨避阳,也可以让居民在这里干家务,做针线,读书看报,打牌下棋,喝茶聊天,无不惬意恬静,无不悠闲自得,散发出一股浓郁的田园生活气息。这是"三间成幢"形制在重庆这种独特的湿热气候条件下的一种适应性变化,体现了平面形制的地域性与自调性。

(2)堂屋大门

门是宅院的咽喉,风水理论认为"门通出入,是为气口",阳宅相法中门有"气口"之喻。堂屋在传统民居中占有非常重要的地位,是民居建筑中最重要的组成部分(图8.4)。堂屋大门的设置,对堂屋的意义十分重大,不仅是民居建筑的外在体现,也有调节小气候的实际作用,同时也是建筑文化的重要组成部分。在重庆大部分地区,"一"形、"L"形传统民居的堂屋有装门且经常被打开的习俗,但

(a)与堂屋之间有一门槛的门廊(酉阳县苍岭镇石泉苗寨)

(a)秀山县清溪场镇大寨村

(b)与堂屋之间有大门分隔的门斗(巴南区石龙镇覃家大院)

(b)万州区长岭镇良公祠

图8.2 堂屋

(c)与堂屋合二为一的门斗(秀山县清溪场镇大寨村)

图8.3 堂屋门斗门廊

在渝东南的部分地区，却有堂屋不装门板的习惯，成为"敞堂"。大型宅院的堂屋一般都设计为"敞堂"。这种习俗习惯既有对气候适宜性的体现，也有传统特色文化影响的原因。对于堂屋不装门板而言，可使民居建筑内外相互连通，一方面，有利于冬季排湿、夏季散热；另一方面，表明渝东南部分地区在历史上社会治安很好，不需防匪防盗。对于安装门板但常被打开的习惯，除了利于冬季排湿、夏季散热外，还有一个重要原因：风水学说认为，堂屋大门既然是气口，家中的财气就不能外流，既要可供进入，又要守住财气，并且许多堂屋或朝门的大门还设置了一个较高的门槛，称为"财门"（图8.5）。这种理念类似于聚落选址中对于"上砂"和"下砂"的要求。

（3）堂屋神龛

神龛，为供奉神佛像或祖宗灵牌的小阁子，包括祖宗龛和神佛龛两大类。神龛大小规格不一，依祠庙厅堂宽狭以及神佛或祖宗灵牌的多少而定。大的神龛均有底座，上置龛，开敞式。一般地，神佛龛座位不设台阶，依神佛主次，按前、中、后，左、中、右位序设立；祖宗龛设台阶依辈序自上而下设位，少数多姓合祠者，也分龛或按座依各姓辈序设位。因此，祖宗龛多为竖长方形，神佛龛多为横长方形。神龛均为木造，型制考究，雕刻精美。

在民居建筑中，神龛位于堂屋后壁，供奉"天地君亲师"牌位和祭祀宗族祖先的堂位，是全宅最为庄重神圣的地方，是居家的精神中心。按风水学说观点，乃"宅之正穴"也（图8.6）。

在望门贵族堂屋厅堂中，神龛为十分考究的木制龛式，从上到下依次放置神龛、香案、贡桌。一般地，香案比较矮小，主要用于存放点香插烛的碗钵；贡桌比较高大，主要用于存放果类、酒类、

（a）装有门板的堂屋大门（酉阳县天馆乡谢家村）

（b）装有门板的堂屋大门（酉阳县苍岭镇石泉苗寨）

（c）不装门板但有门槛的堂屋（酉阳县酉酬镇江西村）

（d）不装门板和门槛的堂屋（酉阳县板溪镇山羊村）

图8.4 堂屋大门

饭菜、鲜花等贡品。有些地方认为香案就是贡桌，贡桌就是香案，为同一个家具陈设，因此省去了香案，直接把神龛搁置于贡桌之上。

在一般的民居建筑中，大多不设贡桌。其神龛有两种简易形式：一种是平面的，即直接在后壁

上贴红纸，在红纸上撰写"天地君亲师位"六个大字、对联及其他应说明的内容，其下方支撑一窄木板，用于放置点香插烛的碗钵，起到香案的作用；另一种是立体的，即贴纸的这部分空间的木板壁向后凹进，用凹进去的空间作为神龛。若有贡桌，

（a）堂屋门槛（武隆区土地乡犀牛古寨）　　　　　（b）朝门门槛（石柱县河嘴乡谭家大院）

图 8.5　堂屋与朝门门槛

（a）沙坪坝区磁器口古镇钟家院

（b）渝北区龙兴古镇刘家大院

（c）垫江县太平镇台子湾民居

（d）秀山县清溪场镇大寨村

图 8.6　堂屋神龛

也不是很讲究,直接把诸如玉米棒子、干农活的小工具以及茶壶、水瓶、撮箕等日常生活杂物堆放在上面。

堂屋神龛主要有以下两个作用。

第一,供奉堂位。主要内容是供奉"天地君亲师"牌位和祭祀宗族祖先的堂位,以求幸福平安、家族兴旺。"天地君亲师位"六个大字,写法颇有讲究,于细微处体现寓意。天:上不顶天,表示敬畏尊重;地:地不开裂,表示平安祥和;君:君要开口,表示国家颁布好的规章政令;亲:繁体"親"不闭目,表示双亲健康长寿;师:师不带刀,表示要以德服人;位:位不离人,表示人丁兴旺,后继有人。表8.1展示了重庆部分民居中的堂位内容,从中可以看出移民迁徙情况。可以说堂屋神龛就是一部移民史。

第二,敬奉神灵。神龛上除了铭写"天地君亲师"牌位和祭祀宗族祖先的堂位以外,两边通常还张贴祈福求灵、表达美好祝愿的对联和话语,如秀山县大寨村有一座民居堂屋神龛上则写道:"幸福侣伴红花并蒂相映美,恩爱夫妻海燕双飞试比

高。"在贡桌与神龛之间的木板壁上,则主要张贴"囍""福""寿"等字,有的书香门第也把家训贴在上面。

2)偏房

堂屋两边的开间叫"偏房",也叫"次间"或"人间"。一般地,左间位于东面,作卧室;右间位于西侧,又分为前后两小间,前小间为饭厅兼杂务,后小间为灶房、储藏间。但在渝东南地区以及渝东北的城口、巫溪、巫山等地势较高的地区,偏房通常在两侧中柱之间用木板壁分隔成前后两个半间,前半间作"火塘屋",后半间作卧室。在竖向空间上,大多数偏房都有阁楼或挑廊。

(1)火塘屋与卧室

①火塘屋

火塘屋又称"火床屋""火铺屋""火炕屋"或"火屋"。它是这些地区传统民居中人们日常家庭活动的重要场所,也是最具生气、最具人气、最活跃的起居空间,几乎所有家庭活动都在火塘屋进行,它比堂屋更加温暖,更具人情味。炊饪、吃饭、

表8.1　传统民居部分堂位

堂　名	实例地理位置	铭写内容	移民祖籍
陇西堂	西阳县西水河镇后溪村	陇西堂上历代昭穆神之位	甘肃
武威堂	西阳县苍岭镇大河口村	纯臣郡中历代昭穆神位 西溪求财有成四官大神位	江西
关西堂	西阳县南腰界乡杨家寨	关西堂上历代高曾远祖 居家应供诸佛神灵之香位	江西
紫荆堂	秀山县清溪场镇田家大院	紫荆堂上历代昭穆神主位 求财有感四官大将尊神位	湖南
关西堂	秀山县清溪场镇大寨村	关西堂上历代昭穆神主位 求财有感四官大将尊神位	江西
江西堂	西阳县西水河镇后溪村	江西堂上历代祖先 九天司命太乙府君	江西
清河堂	西阳县西水河镇后溪村	清河堂上历代昭穆神主位 西溪求财有成四官大神位	湖北
颍川堂	秀山县兰桥镇正树村	颍川堂上历代高曾祖左昭右穆香位 长生土地瑞庆夫人招财进宝郎军之位	河南

取暖、待客、聊天等，都围绕在火塘周边，形成了独特的火塘文化。火塘文化在传统民居文化中占有重要地位，火塘具有文化象征意义，代表着"家"的概念，也是家庭的中心。"火塘"与"家庭"的属性是相一致的。例如，在渝东南土家族传统风俗里，从原住所火塘里另分出一堆火，就表示从原家庭里分化出一个新的家庭，意味着一个被传统民俗规范所认可的家庭的诞生。火塘神圣无比，据说是由祖宗保留下来的，从不熄灭。因此，火塘在土家文化中不可玷污，不可僭越，尊卑分明。围绕火塘，又产生出许多禁忌，从另一方面反映了人们对作为家庭象征的火塘的虔诚与崇拜，也反映了人们对家庭繁荣昌盛、兴旺发达的殷切期望，由此衍生出丰富多彩、内涵深邃的火塘文化（吴樱，2007）。

其实，民居火塘文化的产生发展有着一定的原因与规律性：一方面，是民族传统习俗的遗留；另一方面，是由于当时生产力水平低下和自然条件影响所致。地势较高的山区大多以纯木构建筑为主，不利于防火。因此，最初生火做饭必须在屋外的空地上进行，加之多雨的气候因素，火种难以保存；后来人们发现在木地板上铺设石片可以阻燃，于是创造出了可以在屋内木地板上烧火的火塘，解决了在室内进行炊事活动以及保存火种的难题。火塘主要有5种形式：部分铺板火塘、全铺板火塘、无板火塘、高架火塘以及移动式火塘（图8.7、图8.8）。另外，火塘上面一般都有烤架，用于烘烤烟熏腊肉之用。烤架之上大都为留有缝隙的条楼，以利排烟（图8.9）。

②卧室

卧室大多位于火塘屋的后面，并用木板壁对二者进行空间分隔。一般地，为了防潮卧室都用木地板铺设，有的在后墙开窗，通风采光较好；有的没有开窗，光线昏暗，通风也较差（图8.10）。

（2）灶房与饭厅

灶房与饭厅大多位于座子屋的右间，位于

图8.7 高架火塘（酉阳县苍岭镇石泉苗寨）
图片来源：酉阳县文化馆提供

西侧，有的用木板壁进行空间划分，前小间为饭厅兼杂务，后小间为灶房兼储藏间。有的没有进行空间分隔，二者融为一个大的空间。有的也把火塘设在灶房或饭厅中，以方便使用（图8.11）。

（3）阁楼与挑廊

①阁楼

为了保温隔热以及扩大使用空间面积，偏房、厢房大多建有阁楼，而堂屋一般不建阁楼。有的阁楼住人，有的阁楼不住人。住人阁楼的空间一般比较高敞，而不住人的阁楼一般比较低矮，主要用于堆放玉米、辣椒、烟叶、稻草以及各种小型生产生活工具及杂物（图8.12）。阁楼楼板就是偏房或厢房的天花，有的以木板铺就，没有缝隙，称"板楼"，主要位于卧室或部分火塘之上；有的以竹条或木条铺就，有较宽的缝隙，称"条楼"，主要位于灶房、道房和一些次要房间之上（图8.13）。分隔房间的隔墙（木板壁、竹编夹泥墙或砖墙、石墙、生土墙）一般只位于条楼或板楼之下，可以利用固定的或移动性梯子上下阁楼。板楼承重性较好，一般可以供人行走与堆放粮食、工具、杂物等，不影响下面房间的使用；而条楼承重性较差，一般不能供人行走，主要用于存放粮食谷物和需要干燥的杂物。条楼留有较宽的缝隙，上下空气流通，下方往

（b）高架火塘（一）（西阳县苍岭镇石泉苗寨）

（a）高架火塘与烤架（西阳县苍岭镇石泉苗寨）

（c）高架火塘（二）（西阳县苍岭镇石泉苗寨）

（d）移动式火塘（西阳县苍岭镇石泉苗寨）

（e）全铺火塘（秀山县梅江镇金珠苗寨）

图8.8 传统民居中的火塘

往有炉灶、火塘等，起到加强烘干防潮的作用。为配合上部空间的使用，山墙上部常常也不封闭，使屋架显露以利通风。

②挑廊

挑廊大都是由偏房或厢房上的板楼外挑至屋檐下，并安装栏杆而成。栏杆多由木条组成，大户人家在栏杆上有许多精美的雕刻。挑廊视野开阔，空间宜人，具有向外发散的空间意向，不但增强了与大自然的沟通与交流，而且为人们登高远眺，招呼来往行人提供了场所（图8.14）。一般在堂屋外设有楼梯上下挑廊（图8.15）。

在调研所及区域，新建房屋已经出现了扩大板楼面积，并分隔成独立房间供人居住的情况。这大多是事先考虑到这一要求而提高阁楼的层高，使铺木板的阁楼可供人居住。

总之，为满足遮阳避雨的要求，重庆民居建筑出檐都较深远，一般伸出两檩。从穿斗屋架中伸出挑枋承托檐檩，宽大的屋檐使得屋檐下形成了较大面积的阴影。通常，由于堂屋门窗较多，甚至完全开敞，相比于偏房较为明亮，平时有客来访，均

图8.9 条楼（酉阳县苍岭镇石泉苗寨）

（a）

（b）

图8.10 卧室（酉阳县苍岭镇石泉苗寨）

（a）灶房

图8.11 灶房与饭厅（酉阳县苍岭镇石泉苗寨）

（b）饭厅

（a）

（b）

图 8.12 阁楼（秀山县梅江镇金珠苗寨）

（a）板楼

（b）条楼

图 8.13 板楼与条楼（酉阳县苍岭镇石泉苗寨）

在堂屋接待；而火塘屋室内采光较差，其后的卧房更是昏暗。从堂屋到火塘屋再到卧房，光线先明后暗到更暗，使人自然地感受到私密性的递进，这也在一定程度上反映出了山地文化的封闭性特点，体现了民居建筑层次分明的空间序列。

8.1.3 扩展方式

为了扩大室内空间面积，有时三开间座子屋的檐廊只建两间，一端用墙封为房间，

图 8.14 挑廊（秀山县清溪场镇大寨村）

或在三开间座子屋的一端再加建一开间，并向院坝方向延伸半个开间，这种形式称为"钥匙头"（图8.16）。"钥匙头"与"L"形很相似，但其横屋很短，还不能成为一个完整的厢房。在山墙一侧或两侧还可加建"偏厦"，作为灶房、牲畜饲养用房、厕所或杂物储藏间。"偏厦"一般为单坡屋面，又叫"偏偏房"或"偏斜"，俗称"一抹水"（图8.17）。三间式民居屋顶常为双坡悬山顶，但前后坡不等，前面坡短檐高，后面坡长檐低。较长的后坡称"拖檐"或"拖水""响水"，这样可加大房屋进深，还可将明间屋顶拖得更长，在屋后另接出一个房间，使"一"形变成"凸"形（图8.18）。有的屋顶做法将端间作偏厦处理，以双层挑枋托檐，形象生动别致。随着条件的变化，这些加建体量和坡屋顶处

理的做法呈现出丰富多彩的造型，打破了"一"形的单调感。

在山地古镇中，由于用地十分紧张，加之临街店面竞争激烈，大多数住户只有一个开间，面宽3～5 m，但进深可达10～20 m，甚至有的达30余米，因细长如竹筒，故称"竹筒屋"。之所以单独划分出来，是因为其主出入口在短边。

"一"形三间式可进一步演化为五开间，甚至七开间、九开间。不管怎样，总成奇数，这是"堂室之制"所致。因受地形地貌、气候、水文等自然条件的限制，以及宗法礼制、风俗习惯等人文环境的影响，这种"一形三开间设门斗，前部加檐廊"的形式成了重庆民居最基本的形制，相对于我国古代建筑"三间成幢"的基本单元组合模式，它更能反

（a）

（b）

图 8.15　上挑廊的楼梯（秀山县大溪乡半坡村）

（a）酉阳县泔溪镇大板村

（b）酉阳县苍岭镇石泉苗寨

图 8.16　"钥匙头"传统民居

（a）秀山县清溪场镇大寨村

（b）石柱县鱼池镇

（c）酉阳县西酬镇江西村

图8.17　偏厦与座子屋

（d）秀山县梅江镇金珠苗寨

（a）江津区中山镇龙塘村

图8.18　拖檐与座子屋

（b）秀山县清溪场镇大寨村

映出民居建筑的地域性，并由此演化出形形色色的平面空间组合形态。当然，这种"一"形平面在不同地区、不同民族也有细微的变化，如在渝东南地区，有的"明间"甚至不装门窗，形成一个开敞式堂屋。

8.2 "L"形平面

8.2.1 基本形制

"L"形又称"一正一厢""一横一顺""曲尺

形"尺子拐""丁字形""一头吊""单伸手"等。它是在"一"形基础上发展起来的，由正房和厢房组成。厢房又称"横屋"，一般1~3间。这样就在正房前面形成一个半围合的场所——院坝，有的围以围墙、竹篱或栅栏，可视为院落的雏形。侧面设简易带顶的院门，称为"篷门"或"柴门"。这种平面形态在山区乡下比较普遍，多为单家独户，朝向较好的位置大多为正房。"L"形民居的规模较"一"形大，已具备一定程度的围合意向，但不太明显（图8.19）。

如果按是否与围墙、竹篱或栅栏相连，可把"L"形平面分为开敞式和封闭式两种。

（1）开敞式"L"形平面

该平面形制的正房与一侧的厢房没有通过围墙、竹篱或栅栏相连，正房、厢房与院坝均处于开敞状态。

（2）封闭式"L"形平面

该平面形制的正房与一侧的厢房通过围墙、竹篱或栅栏相连，常在围墙上开设朝门（又叫山门或龙门），正房、厢房与院坝均处于封闭状态。

8.2.2 厢房与抹角屋

1）厢房

厢房是供后代生活居住或供客人临时居住的空间。在地形比较陡峭的山区，厢房往往成为对地形高差适应的调节部分，体现了天人合一的文化思想。"扶弱不扶强"是重庆民间建房的口号，具有朴素的哲学思想。所谓"强"，是指地形较规则、平坦的地方；"弱"则指地形不规则，有高差、陡坡、溪沟的地方。在山区宝贵的平坦土地一般留作耕地，而较崎岖的地方则是厢房最好的布局之所。对地形"弱"者加以扶持完善，便是更好地利用了地形，

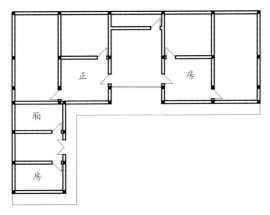

（a）"L"形建筑平面

（b）秀山县清溪场镇大寨村

（c）酉阳县苍岭镇石泉苗寨

（d）武隆区浩口乡田家寨

图8.19 "L"形平面及实例

使之成为良好的使用空间。"扶弱"的方法可以另加一个厢房,抑或是偏厦、侧屋,亦或其他辅助用房。为了适应复杂的山地地形,大部分厢房要根据不同的地形进行布局、建造,从而形成了以下几种形式(图10.15~10.17)。

(1)梭厢

若厢房拖檐长至可扩出一个低下一台的房间,则称为"梭厢"。

(2)坡厢

由于地形坡下,厢房呈"天平地不平"之势,则称为"坡厢"。

(3)拖厢

厢房若间数较多,且呈两段,其外一段又低下一台,则称为"拖厢"。

(4)"牛喝水"

若厢房虽与正房地坪同高,但檐矮脊低,体量减少,从正房看是逐级降低,这种做法则称为"牛喝水",意即像牛一样把头低下呈喝水的姿态,显出牛脊之高来,这样就突出了正房的形象与地位。

(5)吊脚厢房

这是一种独特的建筑形态,在崎岖的山区能很好地对地形高差进行调节,特别是在渝东南地区比较常见。根据地形高差和起伏情况,有的吊脚厢房起吊一层,有的起吊半层(图8.20)。其实,在后来的发展过程中,为了防潮和造型美观,常常在平地上也起吊,这便是文化核心层在起作用,以保持和延续渝东南传统民居的吊脚楼风格。

由于厢房吊脚空间的用途不尽相同,因而产生了不同的空间形态。有的为一层,有的为半层,有的甚至只有20 cm左右,仅具有防潮的功能。那些一层或半层的吊脚空间大多堆放杂物或安置厕所,一般为开敞或半开敞式,也有个别的吊脚空间用木板壁或砖石进行围合,成为一个封闭的空间(图8.21)。

有的吊脚厢房三面出挑,形成了富有地域特色的走马转角楼。转角楼的两个转角高高翘起,成为整栋建筑中轮廓最为突出的部分,也是整栋建筑的重点装饰部分,在构造上又是使用自然弯曲木

材最多、最集中的部位,其中转角挑枋形如牛角,故又名"牛角挑"。"牛角挑"成为重庆地区土家族、苗族传统民居重要的标志之一(图8.22)。

重庆地区属亚热带湿润季风气候,夏季气温高、湿热异常。西边建厢房可遮挡下午炙热的阳光,为正房和院坝提供一定的庇护。按照传统习俗,以右为尊,对于一个坐北朝南的"L"形、"凵"

(a)结合坡地吊脚一层(秀山县孝溪乡上屯村)

(b)结合坡地吊脚一层(武隆区土地乡犀牛古寨)

(c)平地起吊一层(秀山县海洋乡岩院村)

图8.20　吊脚厢房起吊方式

形或"口"形民居来说，面朝堂屋而定的东厢房位于右边，西厢房位于左边。在"男尊女卑""以右为尊"的封建社会，东厢房一般留给儿子居住，而西厢房留给女儿居住，所以说"西厢房"一般是指女儿的闺房。

2）抹角屋

厢房与正房交接的转角，称为"抹角"或"磨角"，位于这个转角的房间则称为"抹角屋"，又称"磨角屋""转角房""檐偏子""转间过棚"等。这个转角有多种变化的处理，平面及屋顶可随正房也可随厢房，或自为偏厦形式。其中，大多用"伞把柱"即"将军柱"完成正房与厢房屋架的转角。由于抹角屋大多直接暴露将军柱和转角屋架，空间比较宽敞，通常用作厨房，所以抹角屋便成为聚餐、烤火（也在此间设火塘）、储藏杂物的地方，逐渐取代"火塘"的部分功能。其实，不仅在"L"形民

（a）

（b）

图8.21 封闭的吊脚空间（酉阳县酉酬镇江西村）

居，在"凵"形以及"口"形民居中也有抹角屋的存在（图8.23）。

8.2.3 扩展方式

"L"形民居有很多变体，结合地形与功能需要可以形成多体量的组合。主要方式有以下几种。

（1）只扩展"一横"

因儿女多，需要分家，俗话说"别财异居，人大分家，分灶吃饭"。若"横向"用地条件较好，而"顺向"用地条件较差，为了满足分家居住的需求，那只有向"一横"方向扩展。

（2）只扩展"一顺"

若"顺向"用地条件较好，而"横向"用地条件较差，为了满足分家居住的需要，那只有向"一顺"方向扩展。

（3）"横""顺"两个方向同时扩展

若"横""顺"两个方向的用地条件均较好，又正需要在两个方向同时扩展，才能满足用地要求，因此，就可以采取此种方式进行扩展。

"L"形平面在屋坡、地形高差处理上十分灵活，利用正房、厢房高度上的差异形成主体与附体的对比，可产生若干不同的建筑造型组合。其方式主要有：梭厢、坡厢、拖厢、"牛喝水"、吊脚厢房等。有的"L"形表现为从"一"形向"L"形发展的过程，即"一"形的大"钥匙头"扩展成厢房；有的"L"形在正房或厢房的侧面再加偏厦单坡，共同烘托正房主体；有的由两个"L"形背靠背组合，形成"T"形平面。

8.3 "凵"形平面

8.3.1 基本形制

"凵"形又称"一正两厢""三合院""三合头""三合水""两头吊""撮箕口"等。在正屋两边都伸出厢房，这种房屋的平面形制一般为正屋三间或五间，两边厢房为2~3间，这主要取决于居住者的经济条件和家庭需要。与"L"形相比，

图 8.22　走马转角楼（酉阳县桃花源景区陶公祠）

（a）

（b）

图 8.23　抹角屋（涪陵区青羊镇四合头庄园）

"凵"形具有更强的围合意向（图8.24）。根据两边厢房之间是否有围墙或栅栏相连，可把"凵"形三合院分为开敞式"凵"形平面和封闭式"凵"形平面两种类型。

（1）开敞式"凵"形平面

两边的厢房没有围墙或栅栏相连，正房、厢房与院落均处于开敞状态。

（2）封闭式"凵"形平面

两边的厢房通过围墙或栅栏相连，正房、厢房与院落均处于封闭状态。主要为朝门式三合院，即在围墙或栅栏上开设朝门，院落规模较大，空间开敞。

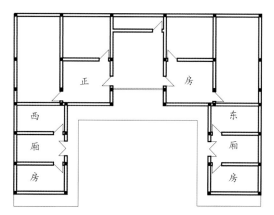

（a）"凵"形建筑平面

（b）石柱县河嘴乡

（c）酉阳县西酬镇江西村

（d）武隆区土地乡犀牛古寨

图8.24 "凵"形平面及实例

8.3.2 朝门与院坝

1）朝门

朝门也称作山门、龙门。在重庆地区，常在三合院或四合院院落前方加设一朝门。朝门最大特点是"八"字形造型，俗称"八字朝门"。最简洁的做法是在门洞位置左右两边各立一根柱，在其前后的左右方分别再立一根柱，前方左右两柱至门洞左右两柱间，装上木隔板或砌筑砖墙、石墙，形成平面呈45°的"八字"（图8.25）。"八字朝门"给人一种迎客的亲切感，也象征主人开朗的性格。然而，也有"八字朝门"向内开的，称为"内八字朝门"，如云阳县彭氏宗祠的朝门（图8.26）。同时，一般建在山坡上的三合院，设置朝门既可防匪防盗，又可作为从山脚仰望宅院时的入口，成为可识别性的标志。

有些民居在建造时，因为受地形地势的影响，正屋堂厅大门的朝向不理想，即与风水说认为的、按照房主生辰八字算出的"吉方"不符。而"大门"在风水中是"纳气"的重要部分，为了顺应风水，于是就在院坝前加一个朝"吉"方的大门，形成"歪门邪道"，故也叫"朝门"，如云阳县张飞庙的朝门（图8.27）。合院建筑的朝门常与倒座房连在一起。

2）院坝

在三合院中部有一个围合意向非常强的空间，重庆人称为"院坝"或"晒坝"。其实，在"一"形、"L"形、"口"形中均有"院坝"这一空间形态。它大都平行于房屋或在房屋斜前方的台地上。在乡村往往把院坝铺平，用来晾晒收获的水稻、玉米、小麦、豌豆、大豆等颗粒以及辣椒等，所以又称为"晒坝"。总的来说，院坝的大小与正房、厢房的面阔开间及围合方式以及场地地形、地势有关。一般

（a）黔江区黄溪镇张氏民居

（b）黔江区阿蓬江镇草圭堂

（c）渝中区重庆湖广会馆侧门

（d）渝中区谢家大院

（e）秀山县清溪场镇大寨村某民居朝门

（f）酉阳县苍岭镇石泉苗寨朝门背面

图8.25 八字朝门

地，若场地够大，院坝差不多接到正房、厢房出檐位置，而若有其他因素影响，则形式多种多样。按材料及构造方式，院坝可分为素土夯实、三合土、混凝土、青石板等几种类型。院坝是民居空间中最为开放的公共场所，不但提供了生产生活的功能，而且也能作为休闲娱乐场所之用（图8.28）。

8.3.3 扩展方式

"凵"形民居一般可扩展为大型三合院，根据扩展方式可分为以下3种。

（1）横向扩展式

即在厢房外再列一排平行于厢房的横屋，中

图 8.26 内八字朝门（云阳县凤鸣镇彭氏宗祠）

图 8.27 "歪门邪道" 朝门（云阳县张飞庙）

间隔以条形天井。可加一侧，也可对称加两侧。由于院落空间很大，而天井很小，其核心的三合院式空间形态基本不变，故其总体平面仍呈"凵"形。

（2）纵向扩展式

即沿三合院中轴线方向纵深发展，在山地条件下一般形成层叠式三合院，或叫台地式三合院。大多有2~3个院落，院落之间并没有房屋相隔，只是位于不同标高的台地上，所以仍归类为"凵"形平面。可称之为二台或三台层叠式三合院，有的上下台地包括院落高差达10 m以上，气势非常壮观。

（3）纵横向扩展式

既有横向扩展又有纵向扩展，该类型三合院民居，其规模一般都很大，但其主体核心仍呈"凵"形。

一般以横向扩展为主，纵向扩展为辅。不管是横向扩展，还是纵向扩展，这种空间组织的灵活性，都非常适合山地环境。若按两边厢房之间是否有围墙相连，又可把扩展式"凵"形平面分为开敞式和封闭式两种。在多数情况下，均表现为封闭扩展式"凵"形平面，但目前大多数为开敞式，因围墙和朝门均遭到了破坏和拆除。

"凵"形民居能够使两边的厢房采取梭厢、坡厢、拖厢、"牛喝水"、吊脚厢房等不同形式，更加机动灵活地处理坡地，甚至比"口"形民居更显示出这种类型的优越性。它不像"口"形民居要受到多一面房屋的约束，又比"L"形在空间组合上更为丰富，也较适应不同财力物力的建造条件，甚至在开门入口的方向和设置上，"凵"形也更加变通灵活。

8.4 "口"形平面

8.4.1 基本形制

从广义上讲，建筑本质上是一种围合空间，也同时产生建筑内、外有别的相对概念。无论是

（a）酉阳县苍岭镇石泉苗寨

（b）梁平区碧山镇孟浩然故居右侧三合院

图8.28 院坝

北方的四合院民居，还是南方的天井院民居，它们都是在"凵"形基础上，将开敞或有围墙（或倒座门，或影壁）的一面改为房屋，因此，都可以划分为"口"形平面这一类型。但它们围合后所产生的院落、天井在空间上却有着本质的差异。单从建筑空间关系来看，天井应是建筑本身的内部空间，是被一栋建筑内四面不同的房间所包围，也就是所谓房房相连，这些房间的屋顶是连接或层叠在一起的。从空中俯瞰，它恰似向天敞开的一个井口，因此，"天井"这个名称是再形象不过了。而四合院民居则是由几栋不同使用功能的房屋从四面围合起的院落式宅户，它们之间是通过院墙或者廊连接在一起的，每栋房屋的屋顶是分开而独立的，即房房相离的空间结构（黄浩，2008），并且四合院比天井院的规模要大。因此，可把"口"形平面分为四合院与天井院两种基本形制。

（1）四合院"口"形平面

四合院又称"四合头""四合水""四水归池"或"四水归堂"。通常，四合院正房（又称上房），为三至五间，左右两厢房各三间。与正房相对的为倒座（房），也称"下房"。因厢房从正房梢间接出，梢间为暗间，正房则露明三间，故此形制称为"明三暗四厢六间"或"明三方院"，形成了共16个房间的组合格局（图8.29）。重庆四合院形状多呈方形，兼具南北方的特点，即其院落比北方的要小，比南方的天井院要大。

（2）天井院"口"形平面

与四合院相比，天井院的天井多口小而深，有的呈正方形，有的呈狭长形，占地面积较小，四周布置的房间数也较少。

8.4.2 四合院与天井院

1）四合院

受礼仪规制影响，四合院的正房处于中轴线上，堂屋左右为长辈居住，子嗣等居两厢，杂役仆人等住下房，同时严格按照"男女有别、长幼有序"的原则分配房间。门屋当心间被作为宅门，与堂屋正对，当心间正中或偏后立木隔墙，犹如照壁，划分内外。也有少数风水师建议，开"偏门斜道"。四合院四面房屋排水都汇聚到庭院院坝，常有暗沟排至屋外。一般正房高大，檐口较高，其余三面房檐相接，这种做法称为"三檐平"（图8.30）。若正房、厢房与门屋的檐口做成齐平，则称为"四檐平"（图8.31）。

院落可因四周房屋间数多少不同以及正房、厢房、倒座房的组合连接关系不同而发生灵活的变化，可方可长，可大可小，可进可退。但不论怎样变化，这种以庭院为中心的16间房形制四合院即"明三方院"，都是一种可以独立的基本院落单位，可称之为"主院范本"，并以此作为核心院落加以扩展。这种民居院落形制是最成熟、最完善的平面空间关系组合模式。这个"主院范本"的空间结构是四合院建筑群的主体空间。

李先逵先生认为，"间"是"基本单元——基元空间"，"幢"是"主室模式——核心空间"，"院"是"主院范本——主体空间"，这就构成了四合院平面空间关系组合的三个本源层次。从"间"

这一基本单元到一列三间的主室模式，再到一围四幢的主院范本，由此演化生成若干院落的组合。其发展规律为：间为基元，四壁成间，以间成幢，以幢成院，以院成组，以组成路，以路成群，形成庞大的民居群落。不论变化多么复杂多样，它们是同律同

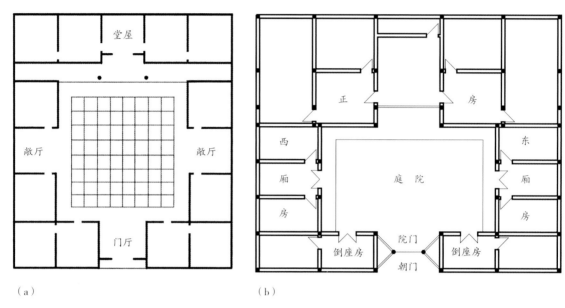

（a）　　　　　　　　　　　（b）

图 8.29　"明三暗四厢六间"平面（主院范本）

（a）从正房往戏楼眺望　　　　　　　　（b）从戏楼往正房眺望

图 8.30　四合院民居的"三檐平"屋顶（荣昌区路孔古镇湖广会馆）

（a）俯视　　　　　　　　　　　　　　（b）仰视

图 8.31　四合院民居的"四檐平"屋顶（江津区四面山镇会龙庄）

构的，都能保持整体同一性，这就是四合院的文化精神，也是民居的院落精神。

重庆四合院兼具南北方的特点，就单个四合院而言，比北方的四合院要小，比南方的天井院要大。院坝与房屋面积的比例：一般北方院落为1:2，云南一颗印为1:5.5，重庆四合院为1:3，介于南北二者之间。另外，重庆四合院大多采用房房相连式，但也有采用房房分离式。不过与北方四合院房屋截然不同的是，从屋顶上俯瞰，屋顶仍然是相连交错的，呈现出房房相连的景观（图8.32）。

2）天井院

天井主要存在于南方民居中，是民居建筑的一个重要组成元素，许多地方把天井俗称为"明堂"，民间流传的《理气图说》明确认为"天井为屋内之明堂，主于消纳"，清楚地表明了天井不但具有排水、通风、采光等多种物理功能，而且还具有重要的精神功能。在古代，天井是宅主的一方"敬畏"之地，是"天人合一"观念物化的产物。天井式"口"形平面紧凑，多口小而深，有的呈正方形或近似正方形，有的呈狭长形，甚至还有半边形或称漏角天井（图8.33～8.36）。狭长形天井多为陕西移民带来的影响，形如棺材，俗称"停丧天井"；半边形

天井，有的一边为山墙，有的一边空缺。这两种类型的天井占地面积较小，布局灵活，十分适宜于山地环境。以天井为中心，环绕它布置上堂、下堂、上房、下房和厢房等，形成"一进"，构成了天井民居的基本平面单元。一些大户人家为了满足庞大家族的使用需要，便以多进多路（列）纵横连接，形成非常复杂的平面布局。

与四合院相比，天井院具有自己独特的特点：

（1）比例尺度不同

天井院与四合院的最大差别主要是尺度和比例不同。天井空间尺度大多是"井深"大于"井径"或"井宽"，即井院空间大致呈竖筒形，或方或狭长，高宽比大；而四合院的院落比较开阔空旷，高宽比小，给人的是一种开敞的室外尺度。

（2）空间形态不同

天井空间形态往往与厅堂及檐下空间成为一体，是一个无具象界面的类井状泛空间，也是介于室内和室外的灰空间，可看作是单体建筑的一部分；而院落则是属于室外的空间，是与建筑形成图底关系的室外空间。从建筑整体空间布局来看，天井建筑由于尺度较小，可通过调节室内或天井地面的标高，以适应山地地形的变化，从而形成了高低

图8.32 房房相连的四合院与天井院（江津区四面山镇会龙庄）

错落的空间格局；而合院建筑多布置在完整的平地，少作高差变化的处理。

（3）功能不同

天井的设置更多的是出于解决建筑基本的采光需求，以及通风、防晒、遮雨、排水、防火等多方面的实际问题，在解决建筑实际功能方面优于院落，并且布局紧凑。四合院的院落空间活动范围比较宽敞，常

图8.33　正方形天井（酉阳县龙潭古镇）

（a）江津区塘河古镇廷重祠

（b）涪陵区大顺乡瞿九酬客家围楼

（c）开州区中和镇余家大院

图8.34　正方形或近似正方形天井

结合室外的绿化布置, 且与儒家所提倡的人格修养有关, 讲究与自然亲和。在这一方面, 封闭性较强的天井则不如四合院的院落。

（4）细部构造不同

天井大多有采光、排水等细部处理, 如排水沟; 而院落中则主要以室外构造为主。此外, 天井四周的建筑往往都是相连的, 屋面大都连接以利于排水; 四合院四周的建筑通常会有一定的间距, 以墙做补充围合, 建筑彼此相对较为独立 (吴樱, 2007)。

8.4.3 扩展方式

1) 四合院扩展方式

（1）纵向多进扩展式

通常是在主院中轴线的前后加建院落, 形成纵向多进院落式平面。有两个院落称为两进院落式, 有三个院落则称为三进院落式, 等等。

（2）横向联合扩展式

通常是在主院中轴线的左右两侧加建院落, 形成横向联合院落式平面, 如一进两院、一进三院等。

（3）纵横向扩展式

既有横向联合又有纵向多进, 该类型院落式民居规模一般都很大, 往往形成几路 (或几列) 几进的群体组合格局, "庭院深深" "重门深院" 的意境油然而生。

2) 天井院扩展方式

（1）横向联合扩展式

即在主天井中轴线的一侧或两侧加建一排平行于厢房的横屋, 中间隔以天井, 形成横向联合天井院平面。

（2）纵向多进扩展式

通常是在主天井中轴线的前后加建天井, 形成

图 8.35　狭长形天井 (潼南区双江古镇四知堂)

图 8.36　半边形天井 (黔江区濯水古镇)

纵向多进天井院平面。

（3）纵横向扩展式

既有横向联合又有纵向多进，该类型天井式民居规模一般都很大，往往形成几路（或几列）几进的群体组合格局。在纵向以主天井所在轴线为中路，两侧设副轴线为左路、右路；在横向则对应每层递进的主天井布置邻近的小天井。纵向为路，横向为进，形成纵横轴线交叉的空间格局（图8.37）。

3）四合院-天井院联合扩展方式

四合院-天井院是指四合院与天井院的有机组合。一般地，四合院空间较大，位于建筑的中轴线上，而天井院空间较小，位于四合院的两侧或前后。根据四合院与天井院的不同组合方式，可将四合院-天井院联合扩展方式分为"众星拱月"扩展式、纵向四合院-天井院扩展式、横向四合院-天井院扩展式、纵横向四合院-天井院扩展式等4种类型。

（a）

（b）

图 8.37　纵横向扩展式天井院（黔江区黄溪镇张氏民居）

（1）"众星拱月"扩展式

即在主院形制中，为了解决四个抹角暗房的采光问题，通常在四角设置小天井，这种位于四角的小天井称为"漏角天井"。于是便形成了以中间大的院落为"月"，四周小天井为"星"的空间组合形态，即"四星拱月"或"四合五天井"平面。如果规模较大，"星"就有可能增多，因此可把这种形制通称为"众星拱月"式平面。

（2）纵向四合院-天井院扩展式

即在院落中轴线的前后加建四合院或天井，形成纵向多进院落-天井式平面。

（3）横向四合院-天井院扩展式

即在院落中轴线的左右两侧加建四合院或天井，形成横向院落-天井式平面。

（4）纵横向四合院-天井院扩展式

即以院落为中心，在纵向、横向两个方向加建天井或四合院，形成纵横向院落-天井式平面，形成了"庭院深深""重门深院"的意境（图8.38）。

8.4.4　衍生发展

1）山地台院

山地环境下，四合院或天井院民居在基本保持原有形制格局的同时，常结合地形因地制宜发展出独具特色的山地四合院或天井院，并根据不同的使用要求有多种多样的灵活布局。台院竖向空间形态变化丰富，即将基地辟为若干阶台地，沿等高线纵深递进而上，一台布置一院或二院，最终形成"山地型重台重院"，简称"山地台院"。院落空间随着地势升高，越到后面越小越紧凑。大型山地台院在两侧副轴线常采用多重天井，围绕天井再自由布置各类房间，随地势自由展开。人们常把这类大宅形容为"四十八天井，一百零八道朝门（房门）"。

这种大院一般以正厅为界，分前后两大部分进行布局。前部具有对外交往接待及公共活动性质，院落空间宽敞；后部为居寝女眷之地，院落空间较为封闭。在前部常设多处花厅作为接待宾客之用，男女有别，一般男花厅位左，女花厅位右，也有的在后花园处设花厅，尊贵的客人方可入内。正厅、花厅常设檐廊，华贵者呈卷棚式，或侧设美人靠，有丰富的装修装饰，空间也富于变化。这种大院一般都有花园，大多位于后部或两侧（图8.39）。

根据与地形结合的关系，以及空间布局的特色，山地台院又可分为以下几种类型。

（1）一台一院

一台一院是山地台院中较多的一种类型，常建于坡度较大的地段上，形成在每一阶台地上建一

（a）涪陵区青羊镇陈万宝庄园

（b）潼南区双江古镇四知堂

（c）潼南区双江古镇杨闇公故居

（d）江津区四面山镇会龙庄

图8.38　庭院深深的传统民居

座院落的景观。高差大的台院则为竖向空间发达的所谓山地"立体四合院"。有的大型台院形成了"门屋后堂中三厅"规制的格局，即门屋（门厅）、前厅、中厅、后厅、祖堂的形制。在这里，中厅是正厅，后厅是堂屋，而堂屋院落是典型的"明三方院"。小型台院一般形成门屋（门厅）、中厅、堂屋两进院落的空间格局，这种形制在大型山地台院中较为普遍采用。例如，铜梁区安居古镇的禹王宫，在两阶台地上分别形成了两个院落，一个是四合院，一个是天井院，二者高差近3 m，不过门厅与戏楼合建，中厅为正殿，堂屋为后殿（图7.7）。

（2）重台敞院

重台敞院主要是在前松后紧的坡地地段，易于开辟出较宽的前院台地，从而形成一个较宽敞的院落空间。

（3）多台并院

多台并院是在不规则地形错落辟出多个台地，并列安排大小不同的院落，不强调过于严格的轴线。

2）楼式合院

一般四合院、天井院多为一层，有的局部建有2~3层的，但若院落四周全为楼房则在形制上衍生出"口"形平面的亚类——楼式合院。主要有：印子屋、走马转角楼和小天井院。

（1）印子屋

印子屋又称印子房，其平面布局比较方正，多为两层楼，四周用土墙或空斗墙封闭围合，外观高耸如印章，故有此名。又因部分印子屋用独具高耸的封火墙围合，民间又称其为"封火桶子"；有的印子屋用厚重的夯土墙围合，形成如客家土楼

（a）总平面及花园、花厅位置

（b）东边后花园

（c）西边后花园

图8.39 大型院落式民居的后花园与花厅（潼南区双江古镇杨氏民居）

的围屋。印子屋内为木质结构的楼房，建筑按井字排列，错落有致，平面有"四合天井型"和"三合天井型"。天井多为正方形，屋顶多四檐平做法，可封于墙内，也可凸显于墙上，如涪陵区大顺乡李蔚如故居以及青羊镇新元村张氏碉楼均可归类为印子屋（图8.40）。

（2）内走马转角楼

"口"形庭院四周房屋出檐廊围合成为周围廊，又叫回廊，俗称"跑马廊"或"走马廊"。若为楼房，楼上也是一圈檐廊，则称之为"走马转角楼"。

若周围廊在庭院内，则称之为"内走马转角楼"；在房屋外围，则叫"外走马转角楼"，简称"走马转角楼"。内走马转角楼是比较高贵华美的住宅形制，不但提供了宽裕的半户外活动空间，而且在雨天不湿脚走遍全宅。例如，涪陵区大顺乡瞿九酬客家土楼、濯水古镇的吊脚客栈、渝中区尚悦明清客栈、巴南区朱家大院均为内走马转角楼（图8.41）。

（a）巴南区南彭街道朱家大院

（a）外观

（b）黔江区濯水古镇吊脚楼客栈

（b）天井

图 8.40 印子屋（涪陵区青羊镇新元村张氏碉楼）

（c）渝中区尚悦明清客栈

图 8.41 内走马转角楼民居

（3）小天井院

在山地城镇，用地条件比较有限，为利用一些小台地，在印子屋布局的基础上，发展出十分机动灵活的小天井院。

3）戏楼合院

随着清中期川戏日渐盛行，各地兴建戏楼成

风。有的大型合院民居将戏楼引进，采用门楼倒座式，将戏楼与大门结合，入口设于架空的戏楼之下，位于中轴线上，形式端庄气派，如祠庙会馆、大型庄园大多采用此种做法，形成了戏楼合院式民居（图8.42）。另一类将小戏楼独立建于后花园之中，结合园林花木，适合家眷亲人自娱自乐，安逸随

（a）永川区松溉古镇罗家祠堂

（b）忠县老官庙

（c）渝中区重庆湖广会馆

（d）铜梁区安居古镇湖广会馆

（e）荣昌区路孔古镇湖广会馆

（f）云阳县凤鸣镇彭氏宗祠

图8.42　戏楼合院式民居

意。还有少数戏楼建于侧院，一般与建筑横向轴线重合。也有把戏楼建于大门对面照壁位置，独立于宅前敞开的大院坝上，使生产性院坝有了看戏的小广场功能。

4）花园合院

花园合院是四合院组群同大面积花园设置相结合的一种形式。有的在庭院设水池、建拱桥，如江津会龙庄的鸳鸯亭（图8.43），实际上该亭子为一抱厅。有的在后院建亭台、荷花池、假山之类，形成后花园，如潼南区双江古镇杨氏民居；有的利用坡地与戏楼结合形成大型后花园，有的修花廊小榭穿插在庭院中，不一而足。

总之，"L"形、"凵"形、"口"形等平面形制都是在"一"形平面的基础上逐渐通过拓扑变换形成的。其中，既有自然的因素，又有文化、经济、政治的因素。可见，传统民居平面演变的历史就是一部人类社会经济发展的历史（冯维波，2016）。

8.5 建筑平面空间组织

8.5.1 主从与序列

传统民居不管是"凵"形平面还是"口"形平面，不管是简单的还是极其复杂的，也不管是纵向延伸的还是横向扩展的，在空间组织上都表现出十分明确的主从关系和空间序列。

主从关系集中体现在轴线、院落和内外空间的区别上。在营建院落式特别是大型院落式民居时，必须首先确定主轴线，其主要的厅堂房间一定安排在该轴线上，即使整体以横向扩展的宅院也不例外。这便是受到传统"择中"观念的影响。在院落组织方面，一定要突出堂屋所在的院落为主体院落的地位。虽然它不一定是全宅最大的院落，但它却是核心空间，具有统领其他从属院落的作用。主体院落不但是主人生活起居的主要院落，而且也是整个家族的精神空间，其堂屋设有神龛，供有"天地君亲师"这一神圣牌位。这是中国民居文化的共同特点。

在多进大型四合院组群中，堂屋的功能有所分化，所以主体院落的确定也有变化。在二重厅制度和三重厅制度中，作为正房的堂屋将一些对外接待宾客、礼仪公共活动的功能赋予了正厅，使正厅采用抬梁式结构以扩大空间，装饰精美，高敞空透，显示门庭气派，同时也增加了功能容量，表现出了正厅院落的重要性，所以显得比堂屋院落更为宽大气派。在大型宅院空间划分组合上，常以正厅区别内外，即对外的公共性和对内的私密性以此为分界。此时堂屋成为内宅后厅，主要用于主人起居，非尊贵客人不得入内。堂屋还把祭祀功能分化出去，在其后另设祖堂。尽管堂屋作为全宅核心精神礼制空间的地位没有改变，但在建筑景观形象上作为控制院落群体的主体建筑却不一定在堂屋，有可能在强调对外作用的正厅，这些皆随主人的

（a）

（b）

图8.43 江津区四面山镇会龙庄鸳鸯亭

使用意图而有不同的定位，从而表现出重庆大型四合院簇群丰富多样的变化。

在内外空间的区别上，空间的主从关系还表现在以中厅或正厅的对外公共活动空间和内宅私密空间的划分上，即所谓"前堂后室"制度。以前面较大的院落空间为主，作为接待宾客、举行婚丧嫁娶和节庆礼仪活动的场所，显示一家的气派和地位。这些空间常占据很大的面积，而真正用于家居的空间，常服从于它，所占的面积反而较小。

空间序列关系反映了空间层次的变化，在大型宅院中表现明显。主从关系决定了序列走向，特别是多进重台重院，以头道朝门→门庭→二道朝门→轿厅（下厅、前厅）→正厅（中厅、中堂）→堂屋（正房、上厅、后厅）→祖堂（后堂、后室）→后院后房、后花园，层层推进，递次变化，形态各异，并随地形逐步抬升，使台院空间在竖向上显得生动活泼。在空间层次上体现"纵深意识"是空间序列的一大特色，愈往纵深，空间愈收缩，私密性愈强，所谓"庭院深深深几许""侯门深似海"为其真实写照。由此形成了前后院落空间组织井井有条、规整有序、主次明确、循序渐进的空间特征[图8.39（a）]（李先奎，2009）。

8.5.2 开敞与封闭

传统民居中的开敞与封闭，实际上是一种虚实对比关系，在建筑平面的空间组合中表现得淋漓尽致。开敞与封闭是一种辩证统一的关系，即开敞中有封闭，封闭中有开敞，二者在不同的层次上表现出不同的空间特质。

（1）宏观层次

整个宅院以院墙或房屋外墙围合成外观封闭的空间环境，但院内却是以各种庭院天井交织组成十分开敞的内部空间环境（图8.44、图8.45）。

（2）中观层次

在宅院内部，院落天井少则几个、十几个，多则几十个，相互之间又有院中套院，院中套天井等层次组合。每一个小院落相对于大宅院来说，它是封闭的，也是相对独立的，而它内部庭院空间本身又是开敞的。这便于大家族分配小家庭，以及主人与佣人之分的各种不同的生活需要。

（3）微观层次

在同一院落中，既有封闭空间又有开敞、半开敞空间（图8.46、图8.47）。封闭空间主要是指四面由墙或门窗围合的房间，开敞、半开敞空间主要是

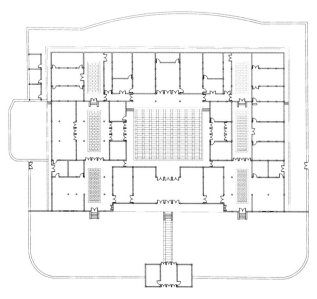

（a）一层平面

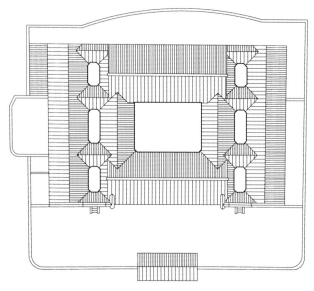

（b）屋顶平面

图8.44　潼南区双江古镇四知堂平面

指敞厅、过厅，尤其是正厅、堂屋或后堂，大多为敞口厅式处理。还有一些特别狭长或面积很小的天井，往往采取开设花墙漏窗，或减少隔断等尽量令其通畅，以改善小空间的封闭环境。一些串联式天井空间实际上都是由一系列的开敞空间以隔而不断的手法处理，形成开合连续的空间形态。

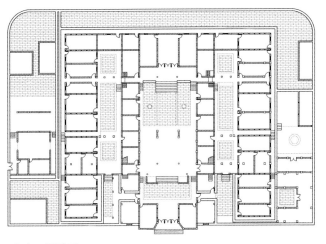

（a）一层平面

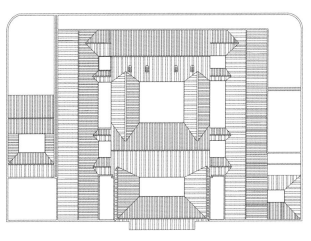

（b）屋顶平面

图 8.45 巴南区南泉街道彭氏民居平面

图 8.46 开敞的中厅（巴南区南泉街道彭氏民居）

（a）涪陵区青羊镇陈万宝庄园

（b）江津区四面山镇会龙庄

图 8.47 开敞的檐廊

总之，重庆民居的空间形态是以开敞为主，封闭为辅，这种空间特征是与所处的气候环境相适应的。

8.5.3 组合与划分

按照面积的相对大小，院落可分为合院与天井，合院又可进一步分为三合院与四合院。传统民居院落的组合是围绕并烘托主院空间的功能要求来展开的。在院落空间组合关系上，除了主院之外，还有附院、跨院、套院、侧院、偏院、别院等称呼，反映了它们之间的某种相互关系。附院是指地位次要而附着于主院的院落；跨院是指左右相邻的院落；套院是指院中有院或大院派生小院；侧院是指边路轴线或从属于主院的院落；偏院是指远离主要轴线，位于不重要位置的院落；别院是指与院落组群联系不甚密切的院落。

合院天井与厅堂房屋的组合方式一般有4种：a.套进式，即由大到小，一个院落套一个院落，逐次递进形成多进院落组合，主要厅堂的前后都有合院天井，前大后小；b.围合式，即天井四周由厅堂围合，有前后为敞口厅，或四面均为敞口厅，即成"四厅相向"格局（图8.48）；c.串联式，若干小天井或条形天井并列为一串直接组合到一起，太长的狭长天井可用隔断划分为几个段落，是一种天井横屋的组合形式；d.松散式，特别是在院落组群的边缘，结合地形条件，房屋以间自由扩张，围合成大小形状不一的小院落或两厢七长八短的不规则的开口三合院或闭口三合院。

合院天井的划分在山地四合院、天井院中也十分灵活。由于院落构成因地而异，有的院子太长或太大，有的天井过于狭长，不甚美观，也欠实用，因此需要进行空间的分隔，有的以垂花门式木门楼加矮墙，或用牌坊式照壁作分隔；有的直接用高围墙隔断，设门洞相通。更为讲究的分隔法则是使用工

图8.48 "四厅相向"天井（涪陵区青羊镇陈万宝庄园）

字形连廊,即在扁长的天井中加建一双坡顶廊道,隔成两个小天井,整个天井平面成一个工字形,连廊作重点装饰处理,有的下安木栏杆美人靠,上设格子花罩等,当地人常把这种连廊叫亭子,这种天井也被称为"亭子天井",既分隔了空间,又增添了审美情趣。

8.5.4 过渡与转折

在气候湿热的山地区域,传统民居的平面布局往往采取过渡与转折的处理手法。例如,檐廊这种"灰空间"就是一种很好的室内外空间的过渡处理手法,它不但为居民提供了诸如读书看报、休闲娱乐、交通过道、农副产品加工等半户外活动空间,而且也使院落与室内有一个很好的缓冲过渡,并产生变化无穷的光影效果(图8.49)。比较讲究的人家把檐廊做成内走马廊,甚至内走马骑楼廊。再如独具地方特色的抱厅,也是一种重要的过渡中介空间。

空间的转折主要是针对轴线空间序列的布局而言。尤其是起主要控制作用的纵向轴线,因地形条件的限制或总平面不对称格局的需要,可以作顺其自然的转折错位处理,避免了完全对称直视的呆板,增加了民居建筑布局的灵活性。空间转折的部位发生在大门处较为多见。有的因地形条件,大门不能位于中轴线上时,可从侧向入门,大门中线与正厅中线垂直相交。有的虽正面开门,但大门中线

与正厅中线错开一段距离,进入大门后空间也发生横向的转折。有的因风水原因,大门开设为"歪门邪道",空间转折变化更为活泼,也带来许多意想不到的效果和有趣的空间环境感受。在各进院落或天井的组合上,也有不同的空间转折处理,或前后厅堂错位,或院落形状不规则。在横向轴线上的空间转折就更为自由普遍,完全因地制宜,随形就势,以布局合理、节省用地为原则,并不强求对位关系,特别是为了家居的私密性,有时将空间有意转折以避免直视的不雅。空间转折在山地重台重院中较为常见,也是山地院落式民居的一个重要空间特征。例如,涪陵区青羊镇陈万宝庄园,整个建筑群以主副纵轴呈横向展开布局,大门设于侧向,入口路线至主轴发生90°转折,而且不论纵轴还是横轴都因地制宜作错位转折处理,布局在严谨中体现灵活与变通(图8.50)。

8.5.5 连通与隔断

对于院落式民居各个相对独立封闭的合院天井来说,要使全宅成为一个有机统一的整体,相互间的交通联系至为重要。各种不同性质的空间,既要连通,又要隔而不断,才能保证生活使用的便利,满足各项家居功能的要求。重庆民居交通空间组织的最大特点是合院天井廊道系统纵横交错,回环往复,四通八达,晴不顶烈日,雨不湿脚鞋,可走遍全宅各个角落,即所谓"全天候院落交通网络系

(a)涪陵区青羊镇陈万宝庄园

(b)潼南区双江古镇杨氏民居

图 8.49 檐廊空间与院落空间的有机融合

统"，而且这些交通廊道也是穿堂风的通道，十分利于宅院空气的流通。

　　交通组织顺应庭院天井的组合形态有多种方式。一是以纵向和横向的廊道或街沿为主干，穿通各主要院落，形成连通的网络骨架，即"纵向转折，横向拉通"的组织方式；二是每个庭院四周房屋组合多呈亚字形平面，互不连属，但在庭院四角都可辟通道相互连接起来；三是大量利用穿堂、过厅、连廊及各式敞厅形成更为开敞的交通空间，便于各种活动交通联系；四是除了檐廊和内廊为主要走道形式外，还有宽大的阶沿作为较为经济方便的交通方式（街沿又叫檐坎，使用较为普遍，有的宽街沿

甚至可达1.5 m以上）；五是建筑扩展的串联式天井或条形天井基本上是一种巷道式组合方式，更易于组织到整个交通网络中去（李先奎，2009）。

　　交通空间的隔断除了使用功能要求外，较多的是为了观感上的需要，但一般都要求隔而不断，隔连相随。隔断方式主要有屏风、格扇、漏花窗、照壁、洞门以及一些装饰小品设施等（图8.51）。在一些庭院及花园中，也有采用绿化盆栽、假山水池或矮墙、木栅、竹篱等作为视觉上的隔断，并为环境空间增色不少。至于室内空间隔断，主要是在一些较大的厅堂如花厅、经楼、书房、佛堂等处，多用屏风、博古架或用竹编草编帘子及布幔等作为隔断。

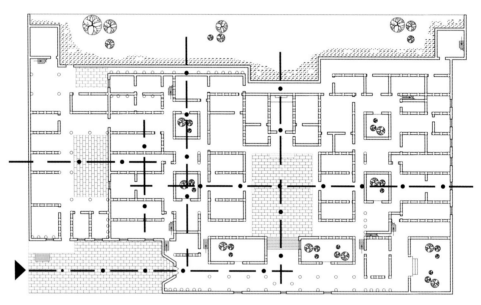

图 8.50　涪陵区青羊镇陈万宝庄园平面及纵横轴线转折分析
图片来源：据李先奎（2009）绘制

（a）用矮墙与门洞分隔空间（潼南区双江古镇杨氏民居）

（b）用门洞分隔空间（云阳县张飞庙）

图 8.51　空间隔断

本章参考文献

[1] 冯维波.山地传统民居保护与发展——基于景观信息链视角[M].北京:科学出版社, 2016.

[2] 李先奎.四川民居[M].北京:中国建筑工业出版社, 2009.

第9章

屋顶造型

屋顶是我国传统建筑中最富有特色和个性的地方，是先民为满足建筑中排水、避雨、遮阳等实际需要，经过长期不断意匠而逐渐形成的。其造型与色彩既体现了古代宗法礼制制度，又彰显了天人合一、独具匠心的营造理念。重庆民居建筑的屋顶独具特色，有婀娜多姿充满柔曲之美的曲线，有简洁明快彰显刚劲有力的直线，可谓异彩纷呈，种类繁多。传统民居的屋顶造型显得亲切而不媚俗，精美而不奢靡，淳朴而不粗鄙，自然而不做作，体现了重庆先民自然恬静的耕读文化、高尚的志趣与山水情怀。

9.1 悬山式屋顶

9.1.1 悬山式屋顶的起源

悬山式屋顶最明显的特征是前后两坡屋面均悬于山墙之外，故又称为挑山式或出山式屋顶，并且大多在檩条上挂一块瓦片或加装封山板以用于防止风、雨、雪的侵害。封山板又称"搏风板"，左右各一块，呈人字形，在三角形的山花顶上相接。搏风板的接缝处多钉有一块木板，一方面可以加强搏风板的衔接，另一方面能起到装饰的作用，这木板垂悬在山花顶尖下，形如鱼形，故称"悬鱼"或"垂鱼"。同样，在搏风板与檩子端头相接处，为了更加牢固和美观，通常也钉有一块木板，称"惹草"。宋代《营造法式》对这种搏风板、悬鱼、惹草的形制都有规定，如根据建筑的大小，悬鱼长三尺至一丈，惹草长三尺至七尺，形式为花瓣纹或者云纹，体现了祈吉文化的意蕴。悬山式屋顶分布非常广泛，南北方都有，以南方居多，其重要功能之一便是有利于防雨，以免山墙被破坏（图9.1）。

悬山式屋顶可分为大屋脊悬山和卷棚悬山两种类型。大屋脊悬山前后屋面相交处有一条正脊，将屋面截然分为两坡，常见的有五檩、七檩、九檩悬山等，主要分布在南方地区。重庆地区的悬山基本上为大屋脊悬山（图9.2）。卷棚悬山脊部置双檩，屋面无正脊，前后两坡屋面在脊部形成过垄脊，常见的有四檩、六檩、八檩卷棚等，主要分布在北方地区。还有一种将两种悬山结合起来，勾连搭接，称为"一殿一卷"式，常用于四合院的垂花门。

根据有关考古资料推测，悬山式屋顶有可能是我国古建筑中最古老的屋顶形式，早在新石器时期就已普遍采用，但等级较低。其原因是由于早年制砖业不发达，山墙用生土建造，因此，为了保护山墙免遭风雨浸蚀就需将屋面挑出墙外，于是导致了这种形式的屋顶被大量用于普通民居之上。从汉代画像砖、明器以及魏晋石窟壁画与后世绘画等间接资料中，都没有见到悬山式屋顶用于较重要的建筑之中。如北宋张择端的名画《清明上河图》所表现的汴梁街道、河流景观，其城门门楼用庑殿，酒楼用歇山，而一般店肆及民居则用悬山。可见悬山的等级较低，次于庑殿与歇山。随着砖墙的普遍使用，悬山逐渐被硬山所取代。在我国封建社会晚期的中原、江南等较发达地区，悬山式屋顶已较少使用，但在南方、西南等较偏远的乡村、山区还在大量运用。

悬山坡屋顶常与穿斗式木结构配合使用，这种木结构以柱直接承受檩条。悬山式屋面梁架非常简单，屋面由檩条支撑，檩条直接搁置在柱头上，

（a）

（b）

图 9.1 悬山式屋顶上的搏风板与悬鱼装饰（铜梁区安居古镇）

（a）石柱县悦崃镇新城村

（b）秀山县清溪场镇大寨村

图 9.2 大屋脊悬山式屋顶

柱与柱之间主要由穿枋来拉结以保证整个框架的稳定性。在山墙面，檩条会直接伸出山面以承托悬出的屋面重量。

9.1.2 重庆民居建筑悬山式屋顶

悬山式屋顶是重庆民居建筑最常见、最普遍、最量大的屋顶形式。究其原因主要是：a.重庆地区炎热潮湿，降水丰富，屋顶伸出山墙面，既可以防止雨水冲刷，又可以遮阴避阳，达到保护山墙的目的；b.对于平面简单（大多是矩形）的民居建筑来说，两坡水悬山顶是施工最简单的屋盖方式；c.重庆民居建筑大多采用穿斗式木结构，这种结构非常适合悬山式屋顶的建造，简单实用，经济实惠；d.有悬山式屋顶的山墙脚可堆放柴草、杂物等[图9.2（a）]。另外，悬山式屋顶在祠庙会馆建筑中也是

数量最多、最基本的一种屋顶形式，常与歇山、攒尖等屋顶组合形成富于变化的屋顶轮廓。

重庆民居建筑悬山式屋顶构造简单，一般不用悬鱼、惹草，有的甚至连搏风板都不用，直接将檩头伸出山墙外，以承托悬山屋顶的重力。这可能与经济实力、审美取向有关。悬山顶民居在山墙方向的出檐尺寸一般按椽条的多少来计算，少的3根，多的6根，出檐尺寸在0.5~1.0 m。例如，在渝东南地区，以木板为墙的民居出檐较大，一般在1.0 m左右，有的甚至达到1.5 m以上，其目的是在山墙边将屋檐挑出足够的长度，以免木板墙受到雨水的侵蚀。另外，高大建筑的悬山出挑也比较远，有的也在1.0 m以上。

一些地区的民居建筑常用石灰将正脊与垂脊涂抹成白色，可以加强屋顶交接和边缘处的防水

图9.3 白色屋脊（酉阳县酉水河镇河湾村）

图9.4 素雅的山花彩绘（石柱县河嘴乡谭家大院）

（a）涪陵区青羊镇安镇村

图9.5 悬山山墙上的挑廊

（b）石柱县河嘴乡新街村

功能，同时又是一种简洁明快、对比强烈的独特装饰，具有强烈的地域特色（图9.3）。另外，还有些民居建筑如石柱县河嘴乡谭家大院就在悬山式屋顶的山墙上绘制了装饰性很强的山花，图案为吉祥云纹，淡雅优美，醒目耐看，具有明显的土家韵味（图9.4）。还有的民居建筑在悬山山墙上挑廊，可凭栏远眺，好不惬意（图9.5）。

9.2 歇山式屋顶

9.2.1 歇山式屋顶的起源

由于歇山式屋顶的正脊两端到屋檐处的中间进行了折断，分为垂脊和戗脊，好像"歇"了一歇，故名歇山顶。它共有9条脊，其中，1条正脊、4条垂脊和4条戗脊，故称为九脊殿。在唐宋时期，又称为"厦两头"，其原因是在两山墙面设有披厦的构架

形式（"厦"指坡屋面、披厦；"两头"指两山墙部位）。厦两头用于厅堂3~7间及亭榭，九脊殿用于殿阁3~11间。因歇山式屋顶外形酷似古代的皇冠，所以也叫"冠盖式屋顶"。之后，歇山成为明清时期此类建筑的统称，也没有再发生变化。歇山式屋顶是我国传统建筑中仅次于庑殿顶的一种规格较高的屋顶营造方式，有关其起源，不同的学者有不同的观点。

最早谈及歇山式屋顶起源问题的是梁思成先生，在其所著的《清式营造则例》一书中论到，"歇山是悬山和庑殿合成。垂脊的上半，由正吻到垂兽间的结构，与悬山完全相同。下半与庑殿完全相同，由搏风至仙人，兽前兽后的分配同庑殿一样。下半自搏风至套兽间的一段叫戗脊，与垂脊在平面上成45度。在山花板与山面披瓦相接缝处则用搏脊。"刘致平先生则认为歇山式屋顶最初是由悬山

顶四周加披檐形成的（刘致平，1957）。

王其亨是第一位比较系统地论述了歇山式屋顶起源的学者，认为歇山建筑首先发源于南方，从新石器晚期陶器上就可以看出原始歇山的样子（王其亨，1991）。另外，在汉代明器、北朝石窟壁画等处也发现有歇山顶，说明歇山顶至少在汉代就已经被使用，现存的最早实例是建于唐代的五台山南禅寺大殿。目前云南西双版纳地区有一种类似歇山式屋顶的建筑被称为"孔明帽"或"诸葛冠"，相传为三国时期诸葛亮开辟云南时带过去的一种建筑做法。王其亨认为南方当时多用此类建筑，而后晋室南迁，把这一类型建筑吸纳为正统汉文化建筑，并影响到了北朝，从而在北方也开始出现歇山式建筑。而歇山式建筑的产生，王其亨认为主要是两方面的原因：一是在南方比较潮湿，使用庑殿时，屋顶内部通风不畅，木结构容易腐朽，为了解决这一问题，则要在庑殿的脊下开洞通风，同时为了遮雨只有采用"出际"，这样就形成了歇山；二是从空间使用上讲，原始的两坡悬山为了适应并解决层高、进深加大后山面结构的防护和增加外檐活动空间，而选择了最具优势的原始歇山顶，终于经过发展成为完善的歇山顶。总之，王其亨先生认为歇山式屋顶起源于南方，其发展呈现出随历史变迁由南而北逐渐传播的趋势。

关于歇山式屋顶的地域属性与祖型源流，学界已多有探讨分析，认为"两厦（悬山）加披"是厦两头的原始形式，也是南方歇山的一个源头。尽管有对此质疑者，但诸多证据表明，悬山加披作为南方歇山源头之一的认识应是可信的。从字面而言，所谓厦两头也应指的是悬山两际加披的构成，这在南方是一显著和突出的现象，至今在民居上仍有遗迹表现。

早在汉代，南方就已相当流行厦两头这一屋顶形式，如西汉云南晋宁墓葬出土铜器中即见此厦两头形象。汉代以来南方长脊短檐的两厦与厦两头的做法具有相似的目的：防止山面雨水侵蚀。分析南北地域体系的诸样屋顶形式，溯其源流或可归结到

两个原型：一是唐宋称两厦的两坡悬山顶，另一个是唐宋称四阿的四坡庑殿顶。此二者是最古老的屋顶形式，且有显著的地域性，即两厦的南方倾向与四阿的北方倾向。

根据《营造法式》记述，宋代歇山包括两种形式：基于厅堂的厦两头和基于殿阁的九脊殿。若以厅堂与殿堂的地域性考察，殿堂型九脊殿应为北式歇山，并有可能与上述四阿顶同源，其原因主要是九脊殿在构造上为殿堂构架与厦两头做法的结合。虽然厦两头与九脊殿的造型相似，但构造做法互有不同。根据《营造法式》内容分析，二者的不同之处主要表现在梢间角梁椽数、山面梁架构造以及出际尺寸与做法等方面（李舜，2010；赵春晓，2010）。

9.2.2　重庆民居建筑歇山式屋顶

歇山式屋顶在四川盆地出现较早，四川牧马山汉墓出土的明器陶屋中就出现了歇山顶的雏形，即屋顶是在悬山屋面的四周加披檐而形成的四坡屋顶。到两晋时期，悬山顶与披檐合为一体。后来随着木构架技术的成熟，屋顶构造采用了收山做法，从而形成了标准的官式收山构造的歇山式屋顶。相对于北方地区，重庆地区的歇山屋顶有着自己独特的风貌，其歇山屋顶有两种做法：一种是沿袭北方官式歇山顶的做法，采用收山的构造方法，如重庆目前现存最古老的建筑潼南独柏寺正殿就是采取此种做法（图2.21）；另一种属于地方做法，主要的特征就是不收山。

1）北方官式做法

这种情况较为复杂，做法也比较考究，类似于抬梁结构的收山做法。官式建筑的歇山顶常使用收山的做法，即在屋架横向的穿枋上放置太平梁，梁上搁瓜柱承托住两山面的檩条，屋顶两侧的山花自山面檐柱的中线向里收进。歇山的山面有搏风板、悬鱼等，是装饰的重点所在，山花面与搏风板有一定的距离，可形成阴影。若山花较大的屋面，还可以开启窗户。

2）地方做法

地方做法又可分为官式与民间两种。其中官式做法是在山面直接收进一间，利用梢间与次间之间缝架来形成歇山。这种歇山结构简洁，受力合理。由于收进了一整间的距离，与北方官式相比，屋顶歇山部分较短，山花收进更多，比例秀丽，风格轻盈。而民间歇山的做法就更为简便，其做法是不收山，在山面直接用挑檐枋挑出，托住从山面伸出的屋面——披檐，然后披檐再与前后两个屋面相交，山面与前后两坡屋面的坡度通常是相同的。这种做法通常用于山面挑檐较短的情况，一般挑檐不超过两个步架，有的在挑檐枋下设撑弓，增加挑枋的承载力与稳定性（图9.6）。有的二层楼房将二楼的挑廊与歇山屋面相结合，形成了山面挑廊的歇山屋面。这样的屋顶形式不仅在重庆民居中广泛存

在，还可以在一些寺庙宫观中看到这种地域性建筑手法的运用，一般分为带廊和不带廊两种。带檐廊的歇山屋顶就是在山墙面出挑的廊子上加披檐，使之与正面的屋檐相交接形成歇山，这在渝东南地区土家族民居建筑中被大量使用（图9.7）。不带廊的做法是在山墙面尽间的梁柱构架上直接用挑檐枋出挑，在两山面各出屋檐与前后屋面相交。

歇山式屋顶形态华丽，富于变化。有的在两坡与披檐连接处向上起翘，宛如鸟儿的翅膀，凌空欲飞，矫健轻盈（图9.8）；有的只是直接相连，简单明了。歇山式屋顶等级上高于两坡屋顶，在比较大型或具有公共意义的建筑上大量使用，以体现其开阔之气势。因为主殿开间一般较大，多为5~7间，正脊一般长度为3~5间。屋面分为前后两个大坡和左右两个小坡，以及山墙面的两个山花。

（a）合川区涞滩古镇文昌宫戏楼

图9.6　带撑弓的歇山式屋顶

（b）铜梁区安居古镇湖广会馆戏楼

（a）酉阳县西酬镇江西村

图9.7　带檐廊的歇山式屋顶

（b）酉阳县龚滩古镇

在重庆民居建筑中,常见一种俗称"马屁股"的歇山式屋顶,有的也叫悬山–披檐式屋顶。一般是在两坡屋顶的基础上,在山墙上直接加一坡屋面与悬山屋顶相交,且留出一小块不加封闭的三角形山墙面,以便通风采光。这样形成的歇山式屋顶构造简单,有利于保护山墙面不被雨水冲刷(图9.9)。

9.3 四坡水式屋顶

9.3.1 四坡水式屋顶的起源

所谓"四坡水"屋顶,是指前后、左右有4个坡面的屋顶形式,与官式建筑中的庑殿顶很相似,而

(a)黔江区濯水古镇

(b)西阳县桃花源景区陶公祠

图9.8 凌空欲飞的歇山顶翘角

(a)武隆区浩口乡田家寨

(b)西阳县西酬镇江西村

图9.9 "马屁股"式歇山顶

其不"推山"的做法，则与庑殿顶的早期形式"四注"屋顶一致。所谓"四注"，是指从屋面排水的角度进行划分的，即是从屋顶的四个方向向外排水。

庑殿顶是中国建筑文化中伦理品位最高的屋顶形制，俗称"四大坡"，又叫"四阿顶"，在周代的青铜器上都有反映。《周礼·考工记》云："商人四阿重屋"，指的就是重檐的四坡屋顶。"四阿"是根据屋面形象而命名的，"阿"是指圜和大斜坡，庑殿顶是由四面斜坡屋面组成，故而被形象地叫作"四阿"。在封建社会礼制制度下，庑殿顶是等级最高的屋顶式样，一般用于宫殿、大型庙宇中最主要的大殿。唐大中十一年（857年）建成的五台山佛光寺大殿，是我国现存最早的四阿顶佛殿。

自从西周时代屋顶使用瓦件之后，人们对瓦当与屋脊逐渐重视，因为屋面两坡相交的地方必须把屋脊搭盖好，才不致漏雨。矩形平面的建筑，由于面宽长于进深，于是前后两坡相交成为屋顶的正脊，左右两坡同前后坡相交成为四条垂脊，加上正脊，形成四坡五脊的四阿顶屋面形式。

北宋时，四阿顶"俗谓之吴殿，亦曰五脊殿"，"吴殿"的"吴"字取自唐代大画家吴道子的姓。据说唐玄宗时，吴道子曾画了两京寺观三百余壁，这些壁画主要画在壮丽宏伟的殿阁中，即四阿顶的屋殿中，此后遂把四阿顶叫作吴殿。北宋时把带有推山的四阿顶称为吴殿，把玲珑秀丽的九脊殿称为曹殿。这是以绘画艺术中流传的"曹衣出水，吴带当风"所赞美的两位大画家（曹仲达、吴道子）的姓氏命名的建筑形式，说明建筑艺术与绘画艺术在当时有着密切的联系。

吴殿这种建筑形式，经过数百年的师徒口传，在元代与清初的一些文献中又曾把"吴殿"误写为"吾殿"，直到雍正十二年，在颁布《工程做法》时，对"吾殿"的"吾"字有所推敲，从《说文解字》的"广"门中看出："广"是房屋多用的字旁，而与"吾"同音的是"庑"，是堂下周屋的意思。而吴殿在明清多是前后带廊庑，或是周围带廊庑的大殿，因而在清雍正以后才把"吴殿"称为"庑殿"。

9.3.2　重庆民居建筑四坡水式屋顶

重庆偏居一隅，官式做法的庑殿顶建筑非常少见，至今没有见到存世的实例。而民间建筑中所谓的"四坡水"屋顶却有使用，究其原因，乃是由于重庆地区气候多雨湿热而致。因墙体轻薄，易受雨水侵蚀，所以山墙面也需要较大的出檐遮蔽，故而出现了这种简单易行的四坡水屋顶形式。

从形态上看，重庆四坡水屋顶与北方官式庑殿顶有着明显的区别，其构造做法也有显著不同。官式庑殿顶常使用推山做法，即将正脊向两山推出，使得垂脊由45°的斜直线变成柔和的曲线，并使屋顶正面和山面的坡度与步架都不一致，因此官式建筑中的庑殿顶屋面高大、线条柔和、富有弹性。而重庆民间四坡顶做法比较简单，前后屋面与左右屋面的坡度相等，四条垂脊呈45°斜直线，整个屋顶显得比较平直、生硬，不那么柔和飘逸，如涪陵区义和镇刘作勤庄园以及江津区白沙古镇聚奎书院石柱楼的屋顶（图9.10）。有的山面两坡屋面往往因势利导，并不拘泥于对称，因此常出现一座建筑此端为四坡水而彼端为悬山的情况。

9.4 硬山式屋顶

9.4.1　硬山式屋顶的起源

所谓硬山，是指两山屋面不悬出于山墙或山面梁架之外的一种做法，其建筑有一条正脊和四条垂脊，以三开间居多。硬山顶虽然出现较晚，但自问世以来，很快在民间广泛采用，进而运用于高等级建筑群中，是现存的中国古典建筑中应用最广泛、数量最多的屋顶形式之一，它不仅在官式建筑中应用广泛，更是民间建筑的主体。南北方均有分布，以北方为主。但硬山式屋顶产生时间却不如其他屋顶形式久远，其究竟起于何时？源于何地？它的最初形态如何？这些问题至今未有定论。一直以来，对硬山屋顶的构造形成及其发展脉络的表述也较为笼统，没有一个明确统一的看法。归纳起来，目前主要存在两种起源说（郭华瑜，2006）。

1）东北起源说

该论点认为硬山屋顶形式是由东北传入的。其理由是我国北方地区冬季寒冷，在室内需烧炕取暖，因此排烟系统设在何处非常重要，而在山墙面出烟囱是最直接的做法。原因是建筑的墙壁与烟囱之间应尽量减小距离以使烟道距离缩短，出烟顺畅。若采用悬山顶，由于山墙面屋顶出际较大，会使烟道距离过长，不够合理实用；而减小山面屋顶出际，甚至采用不出际的硬山顶，则可将墙体与烟囱直接砌在一起，有利于排烟顺畅。由此推测，硬山顶形式是为了满足这一需求才得以在东北地区广泛流行的。至于硬山形式是如何由东北地区向全国各地渗透与蔓延的？该观点认为：在这一过程中，明代修筑的长城上的军营值房是一处重要载体。有学者称：最早在明代官式建筑中出现的硬山建筑应是

长城上的军营值房。长城地处北方，在长期的营造过程中，很有可能使长城上的建筑受到当地民居做法的影响，从而反映到长城军营值房的建造形式上来。长城作为北风南渐的关口，在建筑中首先出现硬山顶做法，再由此向南辐射似乎是最顺理成章的。

2）南方起源说

该论点的理由之一是江南地区潮湿、多雨，墙根柱脚易被侵蚀，使用砖砌山墙可较好满足防水需要。同时更重要的一点是，自明代中期以来，江南地区人口迅速增长，建筑布局日益稠密，使得建筑物之间隔绝火势、防御火灾尤为重要。硬山顶山墙的防火分区性能优势极为明显，因此在江南人口稠密地区尤有用武之地。从江南现存明代遗构来看，硬山山墙有两种形式：一为模仿悬山顶，在硬山山花处作假搏风。这种做法形成年代较早，应为悬山顶向硬山顶过渡的中间形态；二为砖砌的山墙面局部或全部高出屋面，或做成阶梯状的马头山墙，或做成弧形的观音兜，它们都是江南地区建筑的特有做法，大概出现在明代末期。可见，封火山墙起源于硬山。

比较两种关于硬山建筑起源的推论，建筑史学界的大多数学者更加倾向于南方起源说。因为任何建筑形式的产生和出现，都是建立在建筑材料和技术的革新之上，决定硬山屋顶兴起以及封火山墙构件普及的最重要因素，正是明代制砖技术的提升和发展。

9.4.2　重庆民居建筑硬山式屋顶

北方气候干旱少雨，民居建筑普遍使用硬山屋顶，而重庆地区湿热多雨，因此民居中硬山屋顶比较少见。并且，在使用时山墙通常高出屋面，墙头做成各种直线、折线或曲线等形态各异的封火山墙形式（详见9.6节）。与北方不同，重庆地区大多数硬山的山墙与建筑的主要构架是相互脱离的立贴式做法，即外面为砖砌的砖墙，内部仍然是穿斗式或抬梁式木结构承重。砖墙的作

（a）涪陵区义和镇刘作勤庄园

（b）江津区白沙古镇聚奎书院石柱楼

图9.10　四坡水式屋顶

用，一是保护建筑，二是增强防御能力。当然也有直接用砖墙承重的做法（图9.11）。

9.5 攒尖式屋顶

9.5.1 攒尖式屋顶的起源

攒尖式屋顶的最大特征是没有正脊、只有垂脊，依其平面有圆形攒尖、三角攒尖、四角攒尖、八角攒尖等多种形式，也有单檐和重檐之分。宋代称为撮尖，清代称攒尖。

如果追溯屋顶的起源，"半穴居"房屋的屋顶形式与四角攒尖相同；"木骨泥墙"房屋的屋顶形式与后来的圆形攒尖相同（陈平，2004）。其原因主要是"半穴居"和"木骨泥墙"屋顶跨度小，并且都是将屋顶的重量放在中心一两根柱子上，或者是放在中心的墙体上，采用攒尖顶是最科学合理的。但随着

（a）梁平区聚奎镇观音寨

（b）酉阳县龚滩古镇西秦会馆

图9.11 硬山式屋顶

建筑技术的发展，人们对于空间的需求也越来越大，原始的攒尖式屋顶渐渐地满足不了人们的需求，歇山、庑殿等屋顶的出现逐渐成为建筑中主要的屋顶形式。

在得到物质发展的基本保障之后，人们渐渐对精神生活和审美有更高的需求。除了要求建筑具有基本的遮风挡雨功能之外，人们更希望建筑能提供休憩游玩的场所，于是亭、榭等建筑小品应运而生。如果把专为大空间建筑所用的庑殿、歇山等屋顶样式用在亭、榭等小型建筑上，首先是比例不协调，不能迎合大众的审美口味；其次是庑殿、歇山构造复杂，造价较高，经济上也不能适应当时的生产力发展水平。而硬山式、悬山式屋顶的屋檐线条较为平直，没有反宇飞檐的柔美线条，不能满足亭、榭等建筑为生活情趣而建的初衷。因此，攒尖式屋顶主要用于亭、榭等小型建筑上，当然也有用于较大型的建筑上，如北京的天坛。

随着社会生产力的发展和人们审美情趣的提高，逐渐形成了更富有特色的攒尖形式——盔顶。顾名思义，盔顶的造型就像古代士兵的头盔，屋面曲线流畅，陡而起翘。盔顶没有正脊，各垂脊交于屋顶中心，这一点同攒尖相同。但盔顶的垂脊会同坡面一道，在屋顶拱起呈头盔形。由此可见，盔顶是由攒尖屋顶演化而来的。

9.5.2 重庆民居建筑盔顶式屋顶

重庆地区的传统建筑在长期的实践中，逐渐发展出了具有地方特色的攒尖形式——盔顶。该屋顶形式使用非常广泛，在各种寺庙宫观、宗祠会馆中均可见到。北方盔顶弓起部分十分陡峻，有的甚至几乎垂立。而重庆地区盔顶的起盔较为柔和俏丽，造型灵动活泼，翼角弯曲高扬，生动自然，屋面坡度与一般攒尖顶相比变化不大。如云阳彭氏宗祠的箭楼为三重檐四角盔顶，造型柔和生动，婀娜自然，与刚劲冰冷的寨墙形成了强烈的对比。再如云阳张飞庙的盔顶结构，则独具特色。其屋架做法与一般的四角攒尖屋顶没有区别，只是

将四个角梁做成了上凸下凹的异型板状，这样的起盔完全是利用角梁的形状而非梁架的逐级隆起，形制非常独特（图9.12）。

9.6 封火山墙式屋顶

9.6.1 封火山墙式屋顶的起源

在我国南方，由于气候潮湿多雨，因此，在民

（a）云阳县凤鸣镇彭氏宗祠箭楼

（b）云阳县张飞庙（一）

（c）云阳县张飞庙（二）

图9.12 盔顶式屋顶

居建筑设计之初就不得不考虑防雨措施。明代之前，建筑外墙仍以生土垒筑为主，易受雨水侵蚀，造成损坏。因此，当时的民居建筑多采用悬山式屋顶，通过建筑四周的挑檐起到阻挡雨水、保护墙面的作用。至明代，随着制砖技术的发展，以及烧制砖的供应量能得到保障，青砖开始大量用于外墙砌筑，使得山墙自身的防水性和坚固度得到了极大提高，不仅无须再刻意采用出挑结构保护山墙，而且还为改造建筑形制及提升自身防火性能提供了思路。

那么古代先民是采用了何种方式来提高民居建筑的防火性能呢？又是发生在何时？并且由谁创立的呢？在今天安徽歙县新安碑园中，就有着这样一块石碑记录了封火山墙的源起。

此碑名为《徽郡太守何君德政碑记》，根据碑文记载，明代徽郡地窄人稠，居民择良地而聚居，建筑布局犹如鱼鳞一般，彼此相连，毫无缝隙。每当发生火患，容易牵连周边建筑，造成连片的损失，当地居民却对此毫无办法，只能默默承受，苦不堪言。可笑的是，前任知府听信风水先生的建议，认为是徽郡衙署正门和厅堂的坐向不佳才是导致当地火患频发的原因。遂命人将衙署正门封住，并在仪门左侧新设一门以供出入。本以为可就此告别火患之忧，不承想火灾发生的次数不减反增，一时间"天命不可违"的悲观言论甚嚣尘上。

明弘治癸亥年（1503年）夏天，广东博罗人何歆因政绩卓著升任徽州知府，面对当地严重的火患难题，何歆在其上任伊始便开始思想上的疏导，纠正以往的一些错误决定。经过一段时间的实地调研，何歆指出造成火灾蔓延的真正原因是当地民居建筑密度过大，单体之间没有高大的墙垣阻挡火势，与衙署正门的朝向没有任何联系，遂将衙署左侧旁门重新封闭并且再次开启正门。找出问题的根源之后，何歆积极寻求治理的办法，终有一日他召集父老乡亲到庭上并指出："虽然降灾于天，但是防灾在人，我根据观察认为治墙才是解决火患的最佳方案。如果五家为一伍，于建筑屋顶两端

垒筑高墙，便可以起到阻隔火势、防止蔓延的作用。"何歆不理会众人的相互推诿，强制下令："每五户相连的民居组成一伍，共同修筑防火墙，第五户人家缩地六寸，临街的人家则缩进一尺六寸，让出火墙基础，其余四户出钱出力，如有违令者将予以严惩。"

命令下达之后，百姓虽然表面应承，但经常为定伍之事互相推诿争辩，导致建墙工作进展缓慢。为此，何歆只要稍有闲暇，便会同地方官吏走街串巷，向居民晓以利害，定伍督工，当地民众无不感激信服。就这样在一个月的时间内，徽州城内外共建起火墙两千多道，甚至连相邻的城镇也竞相模仿。又过数月，城内突发大火，但火势因墙垣的阻隔没有发生大面积蔓延。至此，百姓才真正认识到火墙的功能，并对何太守（知府）推行的治墙策略心悦诚服，遂雕刻石碑记录何歆这段治火功绩，置于村中碑亭内以示感恩。

根据以上碑文可以了解到，传统民居封火山墙应该起源于明弘治癸亥年，由时任徽州知府的何歆结合当地聚落布局及民居形式发明而来。随后，这项防火措施得到了大力推广，逐渐影响到包括今天的浙江、江西、福建、广东、四川、重庆等省市在内的广大南方地区。

根据明代旅行家王士性所著《广志绎》中的记载："南中造屋，两山墙需高起梁栋五尺余，如城堞然。然其近墙处不盖瓦，惟以砖瓷成路，亦如梯状，余问其故，云近海多盗，此夜登之以瞭望守御也"（[明]王士性著，周振鹤点校，2006）。可以推断在明万历年间，封火墙已经成为民居建筑中必不可少的功能构件之一，不但具有防火的功能，而且还具有防御的作用。

封火山墙起源于硬山，大大提高了建筑的防火效能。同时也使得墙体对整栋建筑形式美的作用大为提高，墙体形式变化主要在墙顶上面。为了丰富民居立面构图，封火山墙的墙顶可做成各种阶梯状或曲线状。为了加强墙头顶部的艺术效果，往往在墙顶瓦檐下加装饰带。此外，在营建过程中，为了

防止顺着山墙缝隙流入的雨水侵蚀木构件，工匠有意地将靠山面的木质梁柱与山墙分开一定的距离，用铁件将二者卯合，而这一做法更加符合南方地区湿热多雨的气候条件。

"封火山墙"又称"风火山墙""防火山墙"，简称"封火墙"。关于其称谓也是多种多样，由于各地区的形式以及方言特点，其称谓也各不相同。例如，徽派建筑称"马头墙"，福建福州地区称"马鞍墙"，福建福安地区称"观音兜"，湘西称"猫拱背"，而广东佛山地区与广西部分地区称"锅耳墙"或"镬耳墙"，广东潮汕地区称之为"厝角头"。一些专家、学者结合五行学说，把民居山墙按照不同的形式命名为金、木、水、火、土5种形式，即木式山墙、水式山墙、金式山墙等。他们的理论来源主要是根据堪舆学的山形之说："金形圆而足阔""木形圆而身直""水形平而生浪""火形尖而足阔""土形平而体秀"。

封火山墙大致可分为以下3种类型。

①直线阶梯式。简洁、明快、经济，多数为普通民居采用，有三滴水、五滴水、七滴水，甚至十三滴水等不同复杂程度的形式。徽派建筑大多采用此种形式。

②曲线弧形式。较活泼流畅，有弓形、鞍形、云形以及分出五行的金、木、水、火、土等形，且常常取一些形象的名称，如"猫拱背""水月弯""元宝脊"等。此种形式大多流行于湘西、福建、广东等地。

③直曲混合式。即封火墙上端三滴水、下端半圆形，或上端三幅云彩、下端直线阶梯形等。

9.6.2 重庆民居建筑封火山墙式屋顶

重庆封火山墙"极变幻之能事，有无限之趣味"。清朝中期，重庆地区人口激增，山区城镇的用地日渐紧张，住宅密集导致火灾危险大增，一旦蔓延，不易扑救，为此砖制的封火山墙大量地流行起来。受各地移民文化的影响，封火山墙形制多样，有阶梯形、弓形、曲线形等诸多样式。在结构上，封火山墙对建筑层数、高差、进退等问题都能很好地

过渡与解决，因而在拥挤的城镇中非常适用。山墙面通常用清水灰砖白灰勾缝，墙脊用砖挑出叠涩，并用瓦和灰塑做出各种脊头花饰。这些形式多样、高低错落的封火山墙极大地丰富了天际轮廓线，具有生动的韵律感和丰富的文化内涵。

按照形态，重庆地区的封火山墙可大致分为三角尖式、直线阶梯式、折线阶梯式、曲线弧形式、直曲混合式等5种类型。

1）三角尖式

该封火山墙的造型大致平行于民居的人字形屋面，呈三角尖形态。它是在两坡硬山的基础上，把人字形山墙向上延伸一定高度而形成的，造型简洁，施工容易，经济实惠（图9.13）。

2）直线阶梯式

该类型可分为三滴水、五滴水、七滴水、九滴水甚至十一滴水等几种形式，但在重庆地区以三滴水、五滴水两种形式为主，也分别叫三花式与五花式。山墙随着坡面的走势分台下降，进深小的建筑就分三台下降为三花式，叫作三花山墙；进深大的就分五台下降为五花式，叫作五花山墙；进深再大一些的就分七台下降为七花式，叫作七花山墙。无论三花式、五花式抑或七花式山墙，其上面都做有屋檐、屋脊、砖檐、戗檐，讲究的还在岔角做有彩绘，有的还将墙身涂上红色(特别是地方宗教建筑)，形象生动（图9.14～图9.16）。

3）折线阶梯式

笔者在田野考察中发现，梁平区碧山镇孟浩然故居有两壁极具特色的封火山墙，此山墙与一般山墙迥然不同，既不像徽派的马头墙（直线阶梯式），也不似湖广、福建、广东一带的弧形山墙，而是独

（a）云阳县凤鸣镇彭氏宗祠老宅子

（b）忠县白公祠

图 9.13　三角尖式封火山墙屋顶

（a）酉阳县后溪古镇白氏宗祠

（b）石柱县河嘴乡谭家大院

图 9.14　三花式（三滴水）封火山墙屋顶

出心裁, 别具一格, 大胆地在墙脊上作起伏凹凸变化, 使墙面变得更加遒劲生动, 彰显了主人和设计师独特的创新精神。为了论述的方便, 笔者暂且称为折线阶梯式。该封火山墙山花灰塑浮雕琳琅满目, 做工细腻精湛, 题材内容丰富多彩, 有人物、花卉、山水、亭阁、鸟兽和各种吉祥图纹, 山墙脊顶塑

有宝瓶, 右侧墙檐塑有一座脚踏圆球、长鼻向上、头部仰天的大象, 甚为生动有趣。山墙上还开有一座圆形镂刻花窗 (图9.17)。

4) 曲线弧形式

此种山墙形态活泼, 是民间最喜爱的山墙形式之一, 主要分为猫拱背式与龙形山墙两种形式。这

（a）垫江县太平镇天星桥民居

（b）酉阳县后溪古镇白氏宗祠

（c）云阳县南溪镇郭家大院

图 9.15 五花式（五滴水）封火山墙屋顶

（d）云阳县凤鸣镇彭氏宗祠老宅子

（a）丰都县小官山古建筑群

图 9.16 七花式（七滴水）封火山墙屋顶

（b）江津区塘河古镇廷重祠

是一种形象的称呼,此种山墙为圆曲线形,犹如猫在伸懒腰时拱背的形态抑或舒展的龙形。由于弧线形封火山墙活泼、舒展,在重庆地区的民间极为推崇。如渝中区湖广会馆院落群,就采用了大量弧线形封火山墙,既有形态活泼灵动的猫拱背式,亦有大气舒展的龙形山墙,两者组合运用,在满足其防火、防盗、保暖、隔热的同时,亦有效地丰富了院落屋顶的轮廓与层次(图9.18)。再如祠庙会馆以及比较大型的民居院落的封火山墙,大都采用曲线弧线式(图9.19)。

5)直曲混合式

该类型主要有三种形式:一是曲线弧形与三角尖形混合式,即用一个(有时也用半个)猫拱背与三角尖形封火山墙相连接,中间有的用一道水平横墙,有的也不用;二是曲线弧形与直线阶梯形混合式,即将一道或两道猫拱背与一道或两道阶梯形(也可用半道)封火山墙相连接,中间可用水平横墙连接,有的也可不用;三是在同一幢建筑的不同山墙采用不同的形式,一边是直线阶梯式,另一边是曲线弧形式(图9.20)。

(a)右侧封火山墙

(b)左侧封火山墙

(c)墙檐灰塑大象

图9.17　折线阶梯式封火山墙屋顶(梁平区碧山镇孟浩然故居)

（a）局部一

（b）局部二

（c）整体

图 9.18　猫拱背与龙形封火山墙式屋顶（渝中区重庆湖广会馆）

　　封火山墙组合形式灵活，造型变化丰富，类型特征多样，使得重庆地区简单的屋顶而变得错落有致，曲折流畅，极大地丰富了民居屋顶的轮廓与层次，具有浓郁的地域特色。一般地，封火山墙包括墙基、墙身、墙脊、墙檐、砖檐等组成部分（图9.21）。

　　重庆地区的封火山墙墙基比较简单，一般为一到两层青条石铺砌而成，高约30 cm。墙身为空斗砖墙砌筑，砖的尺寸为：3寸×6寸×9寸或2寸×4寸×8寸。串缝抹灰，在与墙檐的结合部和墙身的

端部一般要使用弥缝抹灰，即在清水灰砖上白灰勾缝，做出一条光滑的白带，也可整个墙面全部使用弥缝抹灰，然后再勾假缝，整个墙面就如同更为精致的丝缝墙一般。墙脊用砖挑出叠涩，并用瓦和灰塑做出各种脊头花饰。墙上边在端部一般要叠涩挑出，在墙身与墙檐相接的岔角，以及墀头的正立面讲究的要做成彩绘，题材多以祥禽瑞鸟、富贵花饰和传统的图案符号为主（图9.22）。墙脊一般做成灰塑的脊，脊饰类型很多。墙檐的做法也较多，各地的喜好也不一样，有的地方喜欢用

（a）江津区塘河古镇石龙门庄园

（b）永川区松溉古镇

（c）潼南区双江古镇四知堂

（d）江津区塘河古镇廷重祠

（e）潼南区双江古镇杨氏民居

（f）永川区松溉古镇罗家祠堂

图 9.19　丰富多彩的曲线弧形式封火山墙屋顶

（a）丰都县小官山建筑群

（b）江津区支坪镇真武场广东会馆

图 9.20　直曲混合式封火山墙屋顶

瓦，有的地方喜欢直接在砖面上抹出一道高高的灰塑面。在墙身与墙檐结合部的砖檐，同样是整个封火山墙最为讲究的地方，往往采用多种叠檐手法相结合进行砌筑，如叠直檐、半混檐、棱角檐等，因此变化是很丰富的。有的地方做法更为讲究，墙檐头上有脊饰，有翼角，檐头下有轩棚，有吊瓜，可谓是精雕细琢。

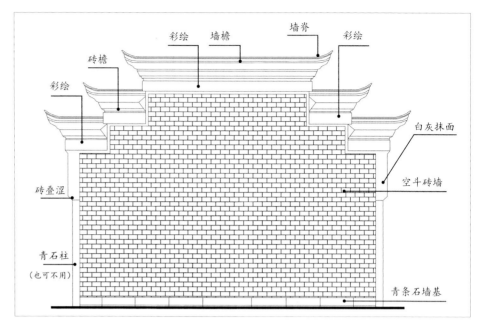

图 9.21　封火山墙基本构成

（a）墀头装饰（涪陵区青羊镇四合头庄园）

（b）浮雕彩绘（垫江县太平镇天星桥民居）

图 9.22　封火山墙上的装饰

9.7 地理环境与屋顶造型

9.7.1　气候环境与屋顶造型

重庆地区湿热多雨的气候条件使得民居建筑的屋顶造型更加丰富多彩，归纳起来主要有以下几种类型（周知，2008）。

1）挑檐与凉厅街

由于湿润多雨的气候条件，使得民居建筑一般都有尺度深远的挑檐，这种"大出檐"既可以保护墙体少受雨水侵蚀，又能为居民提供多功能活动空间。在长期的建筑实践中，还创造出了许多支撑挑檐的构件以加大出檐深度。如支撑挑檐部分的水平挑梁，梁端竖立短柱，柱上端置檐檩，柱下端做瓜状雕刻。当挑檐尺度大到一定程度，依靠出挑已经不能支撑屋檐的重量时，往往在檐下加立柱形成檐廊空间。如果街道很窄，有的地方仅在3 m左右，居民在自家门前的街上盖起的廊子竟然与街对面的屋面相接，将街道上空全部盖住。有时整个场镇民居前的街道全部做了这种檐廊，檐廊前后首尾相接，就成了非常壮观的廊式街。因能完全遮住阳光，可供纳凉避暑，故又称廊式街为凉厅街。凉厅街的典型当数江津区中山古镇，沿街两侧的民居建筑悬挑出檐尺度较大，有的还是骑廊式风雨过街楼，完全将街道分段遮盖，形成了能够避雨遮阳的内街式场镇——凉厅式传统聚落，达到了"晴不漏光，雨不湿鞋"的效果，使整个古镇屋顶连成一片，蔚为壮观。再如涪陵区大顺乡老街也为凉厅街，两边宽阔的檐廊几乎连在一起，形成了一线天的景观（图9.23）。

2）小天井与抱厅

在重庆民居建筑中，天井是组织院落空间最常用的方式。与四合院庭院的宽广开敞不同，天井相对小巧紧凑，在平面上也较为自由。天井多为方形、长方形，但由于具体应用上的见缝插针，其宽窄变

化较多，往往还出现凹凸或斜边；而剖面上的高宽比一般在1:1以上，加之深远的出檐，天井在空间尺度上更是显得小巧紧凑。一般认为，天井的广泛使用是用地紧张所致。事实上，最根本的原因还是对气候的适应。重庆地区夏季炎热，且空气潮湿而散热较慢，因此建筑的隔热和通风十分重要。院落开口越小，房屋的暴露面就越少，同时抽风效果也越显著，二者综合起来就能起到较好的隔热和通风降温作用（图9.24）。

抱厅（也叫凉厅子、凉亭或者气楼）这种具有浓郁地域特色的空间形式在适应气候上比天井更加具有优势。抱厅是重庆民居建筑中一种特殊的院落空间类型，多用于店宅和坊宅中。抱厅在空间尺度和使用功能上与天井比较接近，其特殊之处在于其上覆有屋面，于是形成的院落空间又具有了室

（a）江津区中山古镇

（b）涪陵区大顺乡大顺村老街

图 9.23　凉厅街（廊式街）

（a）铜梁区安居古镇大夫第

（b）开州区中和镇余家大院

图 9.24　带天井的屋顶

内厅堂的优点。抱厅所覆屋面一般有三种情形：第一种是在院落上空满覆两坡屋面，高出四周形成采光通风口，为满覆形抱厅，适合尺度较小的天井院落；第二种是在院落上空覆两坡屋面，与前后厅房相连，两侧则保留狭长的开口，形成工字形抱厅，适合大、中型天井院落，如江津区四面山镇会龙庄的鸳鸯亭（池）就为一工字形抱厅（图9.25）；第三种是在院落上空覆十字形屋面，与前后厅房和左右厢房相连，四角各保留有开口，为十字形抱厅。抱厅在遮蔽院落空间的同时，保持了院落的开敞性，具有良好的采光通风功能，是重庆地区民居建筑适应地域气候环境的创造性营建。

3）老虎窗与猫儿钻

重庆民居建筑，从整个建筑形态到局部空间，处处都表现出对地域气候的适应性，甚至一些细部构造也体现出地域气候特征。重庆地区气候潮湿、多阴雨，夏季闷热，特别是在场镇建筑密度大，民居建筑面窄而进深大，通风采光尤为重要，因此民居建筑多利用屋面的一些细部处理来帮助缓解这些问题。如"猫儿钻"就是在屋顶用瓦片搭接出的一个出气口，构造简单，尺度大约容一只猫钻过，称谓十分形象，可帮助建筑空气流通，加强透气性，一般设置在厨房的屋顶上，利用抽风效果改善室内小气候（图9.26）。"老虎窗"属于阁楼空间，形态做法上较复杂，尺度也较大，可以加强采光通风（图9.27）。这些屋面的细部构造，都体现出对地域气候的敏锐应对。

9.7.2 地形环境与屋顶造型

重庆地区地形复杂，山地、丘陵众多，因此山

（a）俯视

图9.25 工字形抱厅（江津区四面山镇会龙庄）

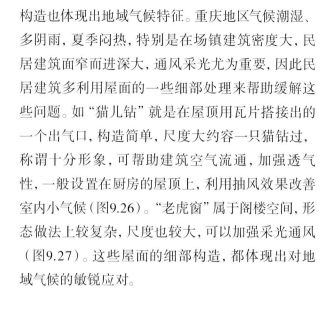

（b）仰视

（a）全貌

图9.26 猫儿钻（南川区大溪乡王家祠堂）

（b）细部

地环境是影响建筑形态的重要因素,建筑与复杂地形的结合往往决定了建筑的形态特征。概括起来,重庆地区传统建筑与地形环境相结合的手法有台、挑、吊;坡、拖、梭;转、跨、架等。这些特殊的山地建造手法,创造出了独具特色的屋顶形态。

1)错檐与重檐

由于地形复杂、坡度较陡,致使不少的民居建筑形成了吊脚楼的空间形态。吊脚楼的屋顶大都是简单轻巧的两坡水悬山顶,为了适应地形常做不等坡或错檐的形式。有些吊脚楼为争取面积,层层出挑,层数较多时加披檐遮挡雨水,形成层檐迭出,虚实变化强烈的建筑形态(图9.28)。

重檐建筑在明清传统建筑屋顶中,是一种高级的建筑表达形式。重庆地区传统建筑重檐做法分为两种:一种是祠庙会馆等公共建筑中的重檐做

法,其结构做法可分为官式做法和民间做法。官式做法是在檐步架的挑尖梁上支起一根童柱,童柱用墩斗和挑尖梁相接,童柱与横向的管脚枋、承椽枋、围脊枋、穿插枋和额枋相接,额枋上施斗拱,承托上檐的挑檐檩。民间做法是将重檐金柱贯穿上下两层屋檐,其下端为金柱,上端为上层檐的檐柱,重檐金柱上穿插了横向的棋枋、承椽枋、围脊枋、额枋和进深方向的穿插枋、抱头枋和随梁枋,下层椽的椽条搭在檐檩和重檐金柱的承椽枋上。而民居中使用的民间小式做法就更为简单与多样化,通常是将楼层的梁当作一根檩条来使用,将椽条搭在挑檐檩和楼层梁上。

在重庆地区重檐的形式却常与特定的地形环境或建筑功能结合起来,构成多重檐口叠合的外部空间造型,最为典型的是摩崖建筑。这种建筑往

(a)合川区涞滩古镇

图 9.27 老虎窗

(b)江津区中山古镇

(a)

图 9.28 错檐式屋顶(酉阳县龚滩古镇)

(b)

往靠山而建，建筑采用多重叠檐的方式，实际内部空间多为两层，以满足诸如大佛塑造等空间需求，重檐的形态创造了气势宏大的外部空间效果，重叠檐口的层层后退，也较好地解决了室内空间的采光

效果，使得这种形式在山地区域得到广泛的应用，如江津石门大佛寺、潼南大佛寺（图9.29）。

2）拖厢与梭坡

山地中的平地面积一般都很少，建筑很难能像

（a）江津区石门大佛寺

（b）潼南区大佛寺

图9.29 重檐式屋顶

在平地上那样扩张,所以往往背靠陡坡,把坡地改造成一层一层的台地,以坡壁作为墙面,根据坡度大小、空间高差、进深距离等情况,巧妙地在建筑与陡坡之间营造空间,争取更多的使用面积。这种将建筑分层置于台地之上的手法,是山地建筑中常用的处理手法。根据地形变化,适当地改造地形,就可以充分地利用空间。院落式建筑常常采用分层筑台,利用前低后高的地形组织成"重台天井"或"山地台院",屋顶则分段跌落,构成鳞次栉比、参差错落的拖厢。拖厢的山地民居,主轴线上的过厅、大厅、堂屋等均顺应地形高差平行等高线布局,两侧的厢房则垂直等高线布局,建筑适应地形高差,层层下跌,这就构成了所谓拖厢,形成层叠错落的人字形屋顶和穿斗构架相结合的外部空间效果(图9.30)。

梭坡也是重庆地区特有的一种处理手法,在长坡地段将建筑分间筑台而建,屋面却不分段,而是让一个坡面顺坡而下,在外部看来仍是一个整体,实际屋面下的空间已分为若干个台地(图9.31)。

3)转向与切角

重庆地区地形变化复杂,导致道路的变化也很频繁,道路顺应地形自由变化,民居建筑形态也随之发生变化。很多街道交叉口都不是垂直相交的,处于这种夹角中的建筑往往随之改变平面和屋面,进行切角处理以适应道路,形成富有创造性的空间形态(图9.32)。

传统民居的屋面随外界因素的改变而变化很大,有时屋脊线向前或向后发生移动,有时向两边发生扭转。在场镇中,民居建筑通常是沿着街的两侧并排而行,但街道并非一直是直行的,有时会发生扭转,这时建筑屋面也随着街道的变化而发生扭

图9.30 拖厢式屋顶(铜梁区安居古镇湖广会馆)

图9.31 梭坡式屋顶(江津区中山镇龙塘村)

(a)秀山县梅江镇金珠苗寨

(b)酉阳县酉水河镇河湾山寨

图9.32 切角式屋顶

图 9.33　转向式屋顶（合川区涞滩古镇）

转，有的甚至将扭转处直接处理为圆角，营造出独特的屋顶空间形态（图9.33）。

9.8 屋顶组合形态

中国传统建筑的屋顶形态种类繁多，异彩纷呈。到明清时期，单体建筑的屋顶形态进入了多样化的发展阶段，屋顶之间的组合方式也十分丰富。而重庆地区的地貌形态以山地丘陵为主，其民居建筑因地制宜、随形就势，无论岗、谷、脊、坎、坡、壁等都顺其自然而建，建筑利用多种不同的接地方式产生了与各种复杂地形相适应的形制，造成屋顶形态更加变化多端，而屋顶与屋顶之间的穿插交接方式更是种类繁多。有的是在水平方向交接，有的是在垂直方向交接，有的甚至是在水平与垂直两个方向交接，使得民居建筑屋顶的外部空间形态异常丰富，具有独特的建筑艺术魅力，正如人们常说的"屋顶轮廓是空间的眼睑"。

9.8.1　复合屋顶形态

1）单一形式屋顶的重复

（1）相同形式屋顶的并置

歇山与歇山，或者悬山与悬山前后并置构成进深更大的建筑单体，在屋顶之间用勾连搭接相互衔接。这种形式在唐代就已普遍使用，如大明宫麟德殿，就是由三个屋顶搭接而成，称为"对雷"。西南地区的清代建筑中常可以见到这样的组合屋顶形式，如都江堰二王庙李冰殿，就是由两个歇山屋面搭接而成，使大殿在取得十五步架大进深的同时，屋顶却不显得过于庞大高耸、比例失调，使得建筑形态的处理十分成功。

（2）相同形式屋顶的垂交

悬山与悬山，歇山与歇山垂直相交，这主要出现在"L"形、"凵"形民居建筑中，往往采取平齐、趴、骑、穿等交接方式，在重庆地区十分常见（图9.34）。

（3）相同形式屋顶的叠加

这种屋顶组合方式是在竖向上将两个或两个以上相同形式的屋顶套叠或错叠在一起。一般情况下，都是上部屋顶比下部屋顶收缩一些，使整体形态呈上升的态势。叠加屋顶可以看作是重檐屋顶的上檐下降，使得一部分上檐屋顶插入下檐屋顶，而上下檐之间的屋身则全部被压缩（图9.35）。当建筑沿山地垂直跌落时，常使用一组相同的屋顶形式相互错叠，形成重重飞檐、层叠而上的外部形态。如拖厢大多是由相同的屋顶形式错叠组合而成的。

2）不同屋顶形式的组合

（1）攒尖与悬山、歇山或封火山墙的组合

在建筑群体中，院落的两厢常出现在悬山、歇山或封火山墙屋顶上局部突出一层或多层攒尖屋顶的形式，用以丰富院落空间，打破沉闷的横向构图（图9.36、图9.37）。

（2）歇山与悬山的组合

这种组合方式在重庆地区非常常见。祠庙建筑中的戏楼往往做成歇山顶突出于悬山顶之上，以其华美灵动的造型形成院落中的视觉焦点。例如，铜梁区安居古镇湖广会馆的戏楼就作为会馆的大门，是两重檐歇山与悬山屋顶交接而成。整个大门下部为砖石结构，厚重稳定；上部为木结构，做成"八字朝门"形式。两侧挑檐挑廊，棚轩撑弓，中高侧低，逐层收进，翼角飞翘，轻盈飘逸，极富变化。再如永川区松溉古镇的永川县衙就是歇山与悬山的组合，"L"形的一头吊、"凵"形的两头吊民居建筑也是歇山与悬山的有机组合（图9.38）。

（3）牌楼门与其他屋顶形式的组合

在重庆传统宫观祠庙建筑中，常使用牌楼门

（a）酉阳县泔溪镇大板村

图 9.34 相同形式屋顶的垂交

（b）武隆区浩口乡田家寨

图 9.35 相同屋顶形式的叠加（酉阳县酉水河镇河湾山寨）

图 9.36 攒尖与悬山的组合（江津区塘河古镇清源宫）

作为入口，因其形式轻盈洒脱，装饰华丽繁复而具有很好的标志性。牌楼门常与其他屋顶形式组合，如大足区宝顶山圣寿寺山门，就是错檐的悬山顶

图 9.37 攒尖（盔顶）式与封火山墙式屋顶的组合（云阳县张飞庙）

上复合牌楼门的做法，还有重庆湖广会馆禹王宫大殿，也是复合牌坊门的做法。这种屋顶组合的方式在重庆地区很普遍，牌楼门形制为双层或三层歇山，檐角高举，中间通常作破中处理，方便悬挂匾额，屋檐、屋脊、檐下皆装饰华美，鲜明地昭示出建筑的入口（图9.39）。

（4）不同屋顶形式成组组合

重庆地区屋面形式多样，常出现纵横交错、极富变化的创造，如黔江区濯水古镇的风雨廊桥就是由三五一组的悬山顶在不同方向上相互交错叠加，并在桥中间插入一体量较大的歇山顶楼阁组合而成，层层叠叠，错落有致，蔚为壮观（图9.40）

（a）铜梁区安居古镇湖广会馆　　　　　（b）酉阳县西水河镇河湾山寨

（c）永川区松溉古镇永川县衙　　　　　（d）酉阳县西酬镇江西村

图 9.38 歇山式与悬山式屋顶的组合

9.8.2 组合交接方式

重庆民居建筑的屋顶视觉效果极为丰富，成为独具魅力的第五立面。屋顶之间的交接方式也是多种多样，主要有平齐、趴、骑、穿、迭、勾、错、扭、围等9种相交方式（曾宇，2006；徐辉，2012）。

（1）平齐

平齐是指两个屋脊或檐口的高度在其中一项相同的情况下的一种屋面组合交接方式，此时屋脊或檐口高度相同，或者檐口、屋脊高度都相同（图9.41）。

（2）趴

两个屋面相交时，一个屋面在体量、高度、进深上都要比另外一个屋面大，在这种情况下，为了使两个屋面在视觉上的差异不至于太大，因此，将体量小的屋面趴在体量大的屋面之上。一般体量小的屋面檐口要比体量大的屋面高，但屋脊会矮些（图9.42）。

（3）骑

两个屋面相交时，它们在体量、高度、进深等方面的差距不是很大，但通常是希望将一个屋面作为主屋面，另一个作为厢房屋面，所以将主屋面的屋顶骑在两厢屋面上以突出其中心地位，这时，中心地位的屋面檐口和屋脊都要比两厢屋面的高（图9.43）。

（4）穿

两屋面相交时，一屋面的屋脊比另一屋面低，这时就可直接穿过这一屋面的一侧坡面，并且从另一侧坡面穿出来。这种形式在立面造

图 9.39 渝中区重庆湖广会馆禹王宫大殿的牌楼门

（a）

（b）

图 9.40 不同屋顶形式的成组组合（黔江区濯水古镇风雨廊桥）

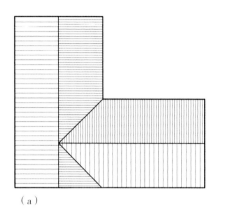
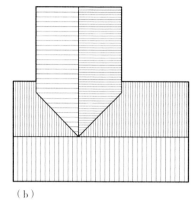
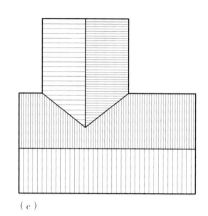

（a）　　　　　　　　　　　（b）　　　　　　　　　　　（c）

图9.41　"平齐"屋顶组合交接典型方式

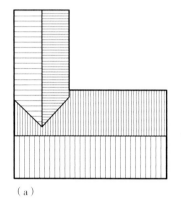
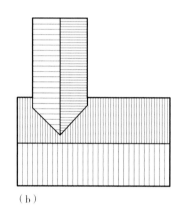
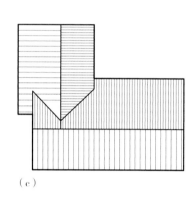

（a）　　　　　　　　　　　（b）　　　　　　　　　　　（c）

图9.42　"趴"屋顶组合交接典型方式

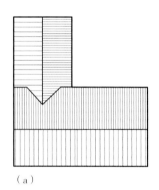
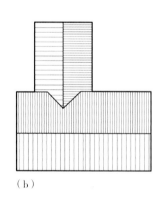
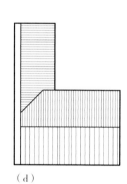

（a）　　　　　　（b）　　　　　　（c）　　　　　　（d）

图9.43　"骑"屋顶组合交接典型方式

型上极具特色（图9.44）。

（5）迭

建筑群有时依山而建，顺着登高的道路两侧排开，此时，上面一级的屋檐往往叠在下面一级的屋檐之上，依次往上发展，此种形式的屋面组合极富有韵律感。建筑依山而登高，屋顶层层叠叠，有很强的动势和节奏感，类似拖厢的做法（图9.45）。

（6）勾

即"勾连搭"，指两个建筑前后相接，前面一个建筑的后檐口搭在后面一个建筑的前檐口，在两个檐口处形成一天沟，此种屋面形式往往能为下面的平面争取一个较大的空间，但天沟的防水需要重视（图9.46）。

（7）错

在传统聚落中，民居建筑常常顺着街巷道

路排布,此时屋面紧挨着屋面。但由于重庆山地丘陵众多,地势起伏不平,街巷道路往往蜿蜒曲折,因此民居建筑随形就势,常常要将相邻两个屋面错开,形成与街巷道路走向一致的空间格局(图9.47)。

（8）扭

传统民居建筑的两个屋面相交,大多数情形是垂直相交,但也有少数情况是一个屋面扭动转一定角度之后,再与另一个屋面相交,两个屋面的夹角不再是90°。这种情况往往是因为道路方向改

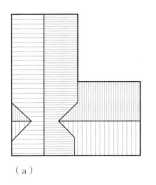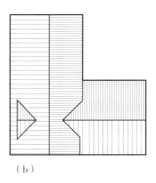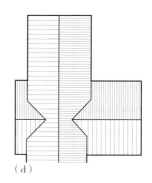

（a）　　　　　　（b）　　　　　　（c）　　　　　　（d）

图 9.44　"穿"屋顶组合交接典型方式

（a）屋顶平面

（b）石柱县西沱古镇

图 9.45　"迭"屋顶组合交接典型方式

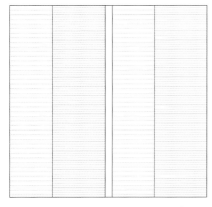

（a）屋顶平面

（b）涪陵区蔺市古镇

图 9.46　"勾"屋顶组合交接典型方式

变、地形限制等外界因素的影响，致使一个屋面不得不扭转一定的角度（图9.48）。

（9）围

当一屋面的高度较高，其檐口的高度都要比下面一个屋面的屋脊要高，此时往往采用围的做法，即将下面的屋檐围住或半围住上面屋檐下的墙体，形成一围脊。此种情况通常用于多层建筑和单层建筑之间的空间组合与造型（图9.49）。

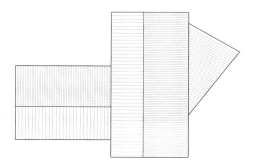

图9.48　"扭"屋顶组合交接典型方式

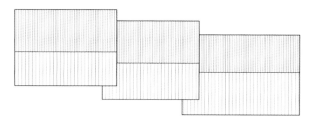

图9.47　"错"屋顶组合交接典型方式

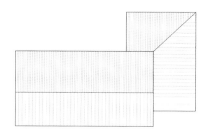

图9.49　"围"屋顶组合交接典型方式

本章参考文献

[1] 刘致平.中国建筑类型及结构[M].北京:中国建筑工业出版社, 1957.

[2] 王其亨.歇山沿革试析——探骊折扎之一[J].古建园林技术, 1991(1).

[3] 李舜.仿古建筑装饰设计研究[D].西安:西安理工大学, 2010.

[4] 赵春晓.宋代歇山建筑研究[D].西安:西安建筑科技大学, 2010.

[5] 郭华瑜.试论硬山屋顶之源起[J].华中建筑, 2006,24(11).

[6] 陈平.居所的匠心[J].中国居住文化, 2004,23.

[7] 王士性.广志绎[M].周振鹤点校.北京:中华书局, 2006.

[8] 周知.西南传统建筑屋顶空间形态研究[D].重庆:重庆大学, 2008.

[9] 曾宇.川渝地区民居营造技术研究[D].重庆:重庆大学, 2006.

[10] 徐辉.巴蜀传统民居院落空间特色研究[D].重庆:重庆大学, 2012.

第 10 章

竖 向 空 间

重庆民居建筑在营建过程中，往往会受到各种因素的制约，其中最具影响力的就是地形因子和气候因子。但在长期的调适过程中，根据当时的经济技术水平，如何利用地形，争取空间，改善条件，减轻不利气候因素带来的不良影响，各式民居创造了不少巧妙的处理手法，无论地形怎样变化，建筑皆能因地制宜，随势赋形，融于环境，虽为人作，宛自天成，积累了十分丰富的有关民居建筑竖向空间有机组合及合理利用的营造经验，同时也造就了重庆民居建筑独有的地域特色。

10.1 檐廊式民居建筑

10.1.1 檐廊式民居的起源

在《汉书·窦婴传》中有如下描述："廊，堂下周屋也。庑，门屋也"。其意是指"廊"无壁，仅作通道；"庑"则有壁，可以住人。在北宋李诫编著的《营造法式》中也有"屋垂谓之宇，宇下谓之庑，步檐谓之廊""副阶周匝"等描述。由此可见，"檐廊"指的是建筑屋檐下的半开放空间，是民居建筑重要的生活场所，主要用于休闲娱乐、做家务及交通的功能，它是"廊"与"檐"的有机结合，即檐廊的一边与房屋相依，而另一边则是有柱的柱廊——落地檐柱。在南方地区较多，主要是因为这种建筑形式对南方炎热多雨的气候有着很好的适应性，也充分反映了高湿热地区建筑的地域性特色(图10.1)。檐廊式民居又可称作廊坊式民居，由若干檐廊式传统民居组合而成，便成为了檐廊式传统聚落。

建筑类型的物质形态大多是由适宜的技术决定的，不是刻意创新的结果。早在夏末商初，由于建筑大多采用木构架和土坯等材料，因其抗雨水冲刷能力较差，为了保护墙面，常沿建筑边缘搭一圈棚子遮雨，形成了宽屋檐的"雏形"。许多考古学家认为，河南偃师二里头遗址是夏末都城——斟鄩，在这遗址中发现了大型宫殿和中小型建筑数十座。

其中一号宫殿规模最大，其夯土台残高0.8 m，东西长约108 m，南北长约100 m，接近于正方形。夯土台上有面阔8间的殿堂一座，周围有回廊环绕，门、路、房屋清晰可见(潘谷西，2004)。在二号宫殿遗址中发现了更为规整、有檐廊的建筑。它们不仅是我国早期庭院的雏形，而且也是第一次发现了周围有檐廊的建筑形式。说明在夏代至商代早期，我国开始出现了檐廊式建筑。

1974年在湖北武汉附近黄陂县(现黄陂区)盘龙城发掘了一座商代的宫殿遗址，从其实测平面图来看，遗址的墙壁周围的檐柱排列很密，而且前后的数量不等，柱网并不在同一直线上。从宫殿复原图上可以看出，在商代已经有了非常接近现代的檐廊形式。并且从图中可以看出，檐廊在最初形成时，就不是单一的一层檐廊形式，而是两层屋檐重叠形成檐廊，同时具有现今存在的多种檐廊形态特点，因此在形态的发展上就有多条路可走，如今的多种檐廊形态都是以此为原型发展而来的。表明檐廊在商代便已出现并运用到重要的建筑上，同时已具有多样化的特点。

总之，檐廊式民居建筑的形成原因主要有以下几点。

（1）保护墙面的要求

传统民居大多是采用木材、竹材、泥土等建筑材料，防雨效果较差，因此在建筑周围建檐廊有利于保护墙面。

（2）遮阳避雨的交通要求

檐廊空间不但能成为人们休闲娱乐、做家务的生活空间，而且也为人们提供了晴天遮阳、雨天避雨的交通空间。如有句描写檐廊遍布大街小巷的杭州市塘栖镇的谚语"塘栖镇上勿落雨；塘栖街上不湿鞋"，便是这一功能的真实写照。

（3）商业发展的要求

随着社会经济的发展，商业形态由"点"状逐渐演变为"线"状——街市的出现。在北宋中期，里坊制解体，商品交换更加活跃，在城市中形成了街市。著名的《清明上河图》即是描绘了东京城当时的市场繁荣景象。因此，为了配合商业需求的店铺，如前店后宅、下店上宅的商住建筑已经出现。前店后宅的民居既然已经把自己的生活空间出让给了商业空间，自然会想到为了获得更大的经济效益，沿街店铺的门前雨篷逐渐发展形成北方称为"拍子"的平屋顶，可视作檐廊和骑楼的前身。檐前除了做精致的装饰外，还挂上招牌、幌子或灯笼等以吸引顾客。北宋时期便多有廊坊式街道的记载，当时的文献称为"房廊"，明代又称"廊房"。北方普遍修建，如北京前门有"廊房头条、二条"等街名。

（4）文化的认同

檐廊最初起源于商业活动，但檐廊这一形式并不仅局限于商业街，没有商业活动的民居建筑也建有檐廊。当沿街檐廊形式被广泛认同时，其他地区便开始对有利的形式进行模仿。檐廊形式与当地现实吻合，符合了居民的标准，进而有了模仿性运用，并结合各自具体情况略作调整，长期的建设累积，许多传统民居均出现了檐廊的形态。

（a）大足区铁山古镇

（b）涪陵区大顺乡大顺村老街

（c）酉阳县苍岭镇石泉苗寨

图 10.1　檐廊式民居建筑

需要说明的是，檐廊式民居最早起源于北方，随后逐渐向南方传播。有意思的是，这种建筑形式更适合南方湿润多雨、夏季日照强烈的气候特征，得到了广泛的发展，反而取代了北方的统治地位。其原因可能是北方相对干旱少雨，冬季风大寒冷，不太适合这种建筑形式的长期而广泛的存在。因此，檐廊的发展呈现"北少南多"的格局，檐廊形态主要集中在川渝地区、江南水乡地区。岭南、闽南地区也有类似于檐廊的形制，但随着西方柱廊建筑风潮的进入，与传统檐廊样式融合，逐渐演变为骑楼形式。

10.1.2　重庆檐廊式民居建筑

由于重庆地区属于典型的亚热带湿润季风气候，降水丰沛、降水时日较长、夏季日照强烈，这样的气候环境不利于户外的休闲娱乐活动和商业活动，而沿街檐廊却为此提供了适宜的空间环境，因此，檐廊式民居建筑便得到了蓬勃发展。另外，重庆传统场镇大多靠近江河，场镇因水而建、因水而兴，逐渐成为区域性的物资集散地和商品交换中心，日益繁荣的商品经济也进一步促进了檐廊式民居建筑的发展。再者，重庆人在闲暇时间喜欢打牌娱乐、喝茶聊天、"摆龙门阵"，以及织毛线、编框编篓等活动，需要一个能够遮阳避雨的半室外的公共空间，檐廊空间便是其最佳选择。

一般地，围合檐廊空间有三实三虚，共六个界面。其中三个实界面为：靠民居一侧的界面——民居建筑外立面，底界面——铺地，顶界面——屋顶；三个虚界面为临街或院坝侧界面和两端的端界面。重庆地区檐廊进深浅的2~3 m，深的可达5~7 m，超过街面甚至院坝的宽度。檐廊式民居建筑类型主要有：

①沿街型檐廊式民居建筑，主要分布在古场镇，檐廊空间比较宽大，往往形成前店后宅、下店上宅或前店后坊宅的民居形式，大多呈联排式布局，形成廊坊式传统聚落，如大足区铁山古镇、涪陵区大顺乡老街等（图10.1）。

②独栋型檐廊式民居建筑，又称为散居型檐廊式民居建筑，主要分布在乡间旷野（图10.2）。

③走马型檐廊式民居建筑，主要分布在四合院与天井院之中，庭院四周房屋檐廊围合而成周围廊，又叫回廊，俗称"跑马廊"或"走马廊"。走马廊不但提供了宽敞的半户外活动空间，而且在雨天不湿脚走遍全宅（图10.3）。

檐廊这一特殊空间的出现使得檐廊式传统民居具有明显的优越性：a.可为居民、游客等提供步行为主的交通功能；b.为居民休闲娱乐、做家务、做手工提供了安全舒适的半室外空间；c.可以使建筑产生更大面积的阴凉空间，最大限度地减少阳光的直射；d.在檐廊式场镇上，檐廊空间可作为临时的摊位点，若是赶集的日期，檐廊作为重要的枢纽空间，减轻了主街的人流拥塞压力；e.檐廊为半开放的灰空间，是开敞式街心到民居室内全封闭空间的过渡地带，能增加空间层次感和光影效果；

图 10.2　独栋型檐廊式民居建筑（开州区刘伯承故居）

图 10.3　走马型檐廊式民居建筑（潼南区双江古镇四知堂）

f.在遇纠纷时,常言"到街上讲理",意指光天化日下讲公道,因而作为半开放的空间,对于化解纠纷,防止邻里矛盾激化有着特殊的作用。总之,檐廊空间具有交通功能、生活功能、游憩功能和商业功能等。

10.2 悬挑式民居建筑

10.2.1　悬挑式民居的起源

悬挑式也叫出挑式,有的学者认为悬挑式民居是檐廊式民居中的一种类型,但笔者认为应单独罗列出来,其原因是二者有明显的差异:悬挑式民居没有落地的檐柱,而檐廊式民居却有落地的檐柱。从有关的汉代画像砖、画像石、明器陶屋等间接资料来看,悬挑式民居是伴随着檐廊式民居而产生的,即在商代就有了悬挑式民居,不过这时的悬挑是以挑檐为主。与此同时,后世常见的抬梁式、穿斗式两种主要木结构已逐渐形成,为悬挑式民居的产生奠定了结构的基础。

除了有无落地檐柱之外,悬挑空间的进深一般比檐廊空间的要浅,大多在1~2 m,这主要是受到挑枋承重能力的限制。悬挑式民居形成原因主要是:保护墙面、遮阳避雨以及部分的休闲娱乐、商业活动与交通通行的要求,这要视悬挑空间的宽度而定。悬挑式民居也是呈现"南多北少"的格局,这也是与南方高温多雨的气候有关。

10.2.2　重庆悬挑式民居建筑

重庆地区悬挑式民居分布十分广泛,除了与气候有关之外,还与地形地貌密切相关。因重庆山地丘陵多,基地面积比较狭小,为了争取更多的使用空间而通过穿枋出挑的一种建造方式,包括挑檐、挑廊、挑厢、挑楼和挑梯等5种类型。

（1）挑檐

挑檐是指屋面挑出外墙的部分,既可以防晒,又可防雨,保护墙面,包括悬挑出檐和转角出檐。

悬挑出檐又分为软挑和硬挑。软挑类似于插栱,它是从檐柱挑出扁枋,后尾压在一过担之下,受力如杠杆原理。软挑一般出挑不大,通常一步架,连檐口伸出,可达1.5 m左右。有的为了加强承重及结构的稳定性,往往在挑枋下加一撑弓(图10.4)。硬挑是利用通长的穿枋出挑,变化方式种类很多,可达三四十种,从出挑数量和程度看,主要可分为单挑、双挑、三挑、组合挑等形式,再加上出挑的层数,便构成多种形式(图10.5)。详见第11章。

另外,还有一种很有特色的挑檐——腰檐。由于有两层或两层以上的楼层,或带有阁楼,房屋整体高度较高,单靠顶层挑檐遮阳避雨,对下面楼层部分效果较差,所以在楼层的适当位置挑檐,即腰檐,最终形成了双重或三重挑檐(图10.6)。

（2）挑廊

挑廊是指挑出建筑物外墙的水平交通空间或

（a）涪陵区大顺乡双水对民居

图 10.4　软挑挑檐式民居建筑

（b）涪陵区青羊镇四合头庄园

阳台。在建筑的山墙面、正立面都可以悬挑出挑廊（图10.7、图10.8），有的民居建筑在两面甚至四面全为悬挑，并相互连通，形成走马悬挑廊。若在建筑内部，则称内走马悬挑廊；若在建筑外部，则称外走马悬挑廊（图10.9、图10.10）。

（3）挑厢

挑厢是指整个二层楼面全部挑出，形成一个完全封闭的内部空间（图10.11）。

（a）单挑出檐（酉阳县苍岭镇石泉苗寨）

（b）双挑出檐（江北区五宝镇老街）

（c）三层加撑弓组合挑出檐（巴南区石龙镇老街）

图 10.5　硬挑挑檐式民居建筑

（a）

（b）

图 10.6　腰檐式民居建筑（酉阳县龚滩古镇）

（4）挑楼

挑楼是指从地脚枋开始整层全部挑出，有的甚至多层楼逐层出挑，整个建筑成了一座大挑楼。

其目的为了争取更多的使用空间，并且在室内也有较好的景观视线，同时也不会妨碍下面的交通通行（图10.12）。

（a）江津区中山镇朱家大院

（b）江津区中山镇龙塘村

图10.7　山墙面挑廊式民居建筑

（a）忠县复兴镇

（b）江津区中山镇龙塘村

图10.8　正立面挑廊式民居建筑

（a）涪陵区大顺乡瞿九酬客家围楼

（b）巴南区南彭街道朱家大院

图10.9　内走马挑廊式民居建筑

（b）酉阳县西水河镇河湾村

（a）酉阳县龙潭古镇

（c）黔江区濯水古镇

图 10.10　外走马挑廊式民居建筑

（a）石柱县临溪镇新街村

（b）酉阳县龚滩古镇

图 10.11　挑厢式民居建筑

（5）挑梯

挑梯就是悬挑出来的楼梯，在传统的山地民居建筑中，这种室外的楼梯非常普遍，一般为单跑式木楼梯。出现这样的悬挑楼梯主要有两个方面的原因：一是为了节省室内面积；二是为了给上层居住空间提供独立的入口，作为不同空间之间的联系要素。外挑的楼梯在位于气候湿热的重庆山地地区非常实用，在现代建筑中运用也十分广泛（图10.13）。

10.3 层叠式民居建筑

10.3.1 层叠式民居的起源

据考证，黄河下游及整个长江流域均存在"居丘"现象，依丘傍水而居可避水患。《尚书·禹贡》所载大禹治水后于兖州"桑土即蚕，降丘宅土"。《孔传》中曰："大水去，民下丘居平土，

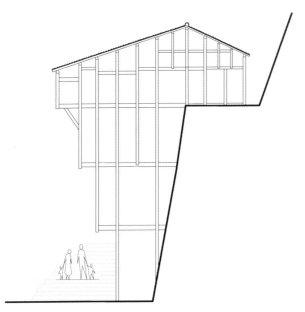

图 10.12　层层出挑的挑楼式民居建筑示意图

（a）

（b）

图 10.13　挑梯式民居建筑（酉阳县龚滩古镇）

（c）

就桑蚕。"意思是:宜桑之土应用于种桑养蚕;洪水之时,居民搬到丘陵上居住,洪水消退之后,又从丘陵搬到平地上居住。其实,这里的"丘"是指经人为加工、高出地面且具防洪功能的台地,住宅就选址在这种台地上进行修建。早在龙山文化时期,生活在平原广泽之上的部族就用土堆积台地建房以利生存。夏商以来,历代都城大多营建于近河高地,即是此前先民传统经验的发展与延续,且都城皆以丘为名。例如,在河南偃师二里头遗址中,就发现其一号宫殿就位于一夯土筑台上,目前该夯土台残高0.8 m。该宫殿面阔8间,周围有回廊环绕,门、路、房屋清晰可见。西周时已明确记载了"筑台而居"。此天子之居的概念如同后世之宫。春秋战国时期,诸侯都城宫殿区均有大型夯土基址,并随着夯筑技术在筑城和宫殿中被广泛应用,而普遍出现了夯土高台。事实上,不少城邑中的台乃是据丘而造,即利用原有高地筑台。在春秋战国时代,为防洪不断堆筑加高,居丘的现象十分普遍,大多城邑仍保持了居丘这一观念(萧红颜,2006),从而促进了筑台式民居建筑的发展。

由此可见,筑台民居建筑的历史非常悠久。民居选址建设除了受到洪水威胁之外,还受到地形的影响。在随后的发展过程中,地形因素起到了决定性的作用,特别是在山地丘陵广布、用地十分有限的山区,筑台式、退台式等层叠式民居建筑应运而生,非常普遍。

10.3.2 重庆层叠式民居建筑

层叠式主要是当基地受到坡地限制而平地不足时,所采取的一种因地制宜、灵活处理地形的建造方式,包括以下几种形式。

（1）筑台式

筑台式是为了拓展台地,采用毛石、条石、砖等材料砌筑堡坎或挡土墙,形成较大台面,可直接作为地基在上面建房,也可作为小广场、晒坝(院坝)等场地使用。在坡度较大,甚至陡峭的地段,

形成高大筑台,特别壮观。坡度较缓时,采取半挖半填的方式,土石方量基本平衡,十分经济。有的顺坡开出数个台地或分层筑台,一台一院或两院,成为常见的山地四合院以及大尺度重台重院类型。院落空间随着地势逐渐升高,一般越到后面越小越紧凑。大型山地台院在两侧副轴线常采用多重天井,围绕天井再自由布置各类房间,随地势自由展开。人们常把这类大宅形容为"四十八天井,一百零八道朝门",认为这是最大的四合院组群(图10.14)。

（2）退台式

退台式又称为台阶式,因其外形类似于台阶而得名。这类建筑特点是建筑面积由底层向上逐层减小,下层的屋顶常常成为上层的一个大平台,可作为凉晒农产品及休闲娱乐之用。这种形式的民居在重庆较少,因绝大多数为坡屋顶,因此,往往形成拖厢式民居建筑。

（3）拖厢式

厢房较长时可以分几段顺坡筑台,一间一台或几间一台,好似一段拖着一段,每段屋顶和地坪的标高均不相同。有时在坡度较大的聚落也采用此种方式布置建筑,如著名的石柱县西沱云梯街(图10.15)。

（4）坡厢式

坡厢式是位于坡地上的厢房结合地形的处理方式。在三合院或四合院布置于缓坡地段时,垂直于等高线的厢房做成"天平地不平"的形式,称为"坡厢"。"天平"指坡厢处于同一屋顶下,"地不平"指坡厢地坪标高处理不同。常用的一种方法是厢房室内地坪按间分台,以台阶联系(图10.16)。

（5）梭厢式

一般厢房常做长短檐,前檐高而短,后檐低而长,且随分台顺坡将屋面梭下,又称梭坡式(图10.17、图9.31)。

其实,拖厢式、坡厢式、梭厢式也属于筑台式,只不过是针对厢房的几种地形处理方式而已。

（a）北碚区卢作孚纪念馆

（b）石柱县悦崃镇新城村老街

（c）酉阳县龚滩古镇

（d）铜梁区安居古镇城隍庙

图10.14 筑台式民居建筑

10.4 骑楼式民居建筑

10.4.1 骑楼式民居的起源

"骑楼"这一名称源自广州，其建筑形式为上楼下廊式，常见于炎热多雨地区。楼上供人居住，楼下则为店铺，廊既可以遮雨避阳，又利于商业活动。而檐廊式民居则不同，它上面是空的，直接为屋顶。从某种意义上讲，骑楼式民居是由檐廊式民居发展演变而来的。因为檐廊式民居一般只有一层，若升高为两层并保持廊，便成为骑楼式民居了。但也有不少学者认为骑楼这种建筑形式是受外来西方建筑文化的影响而产生的，因为广州的骑楼常用拱券式大柱廊，具有明显的西方古典柱式特征。

其实，在骑楼出现之前，街道两旁的商铺和食肆为使行人能光顾，能在烈日当空或暴雨突至之时遮阳避雨和安心选购商品或留步进餐等，常常在人行道上搭盖一个柱廊檐盖或棚架，这就是骑楼的雏形。随着城镇民居向楼房式发展，广州商业和手工业较繁华街道的店铺作坊纷纷改"前店后宅"为"下店上宅"，原来店前檐廊或棚架的上部就成了居所，既可以起到遮阳避雨的原檐廊棚架作用而方便路人，又便于楼上的居者避免潮湿和蛇虫等的滋扰。骑楼正好适应了广州的气候环境，有"暑行不汗身，雨行不濡履"的形容。随着马路的开辟和商业繁荣，商铺及住宅之间已经相互连接起来，于是形成了在马路两侧，跨人行道而建，首层楼房前的一条自由步行的长廊，这便是典型的广州骑楼街。

1918年，广州市市政公所成立后，首先在当年火灾后的永汉街（原为永清街）拆城门修建了137 m的永汉路，继而又拆除城墙，先后筑成大德路、大南路、文明路、一德路、泰康路、万福路，以及太

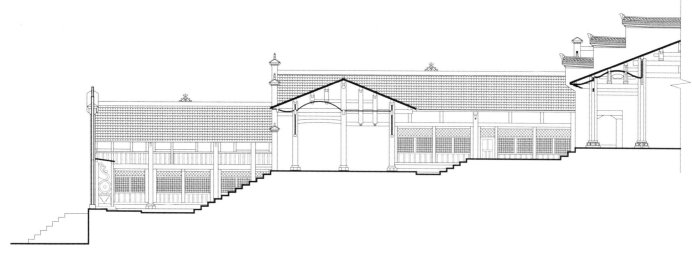

（a）拖厢式民居建筑剖立面示意图

（b）石柱县西沱古镇云梯街

图 10.15　拖厢式民居建筑

平、丰宁、长庚路（今人民南、中、北部分）和越秀路。其后，又开辟了东西向、南北向的道路干线。为适应西关商业区和工业区的发展，开辟了上下九路、六二三路等，1925年又筑成十三行路等。据查，第一批骑楼的产生是西关与旧城区接壤的马路两侧，大约在丰宁路和上九路一带，该地区是当时广州最繁华的商业区。

广州骑楼这种建筑形式特别适合岭南高温多雨、潮湿的气候特点，又适应了城镇民居向高层发展及商业成行成市的需要，一时风靡全城，成为广州街景的主格调，继而影响到整个岭南及赣南、闽南和海南等侨乡地区。由于受到西方建筑文化思潮的影响，在广州骑楼中常常可以见到古希腊、古罗马、巴洛克、文艺复兴等建筑风格。这

图 10.16 坡厢式民居建筑剖立面示意图

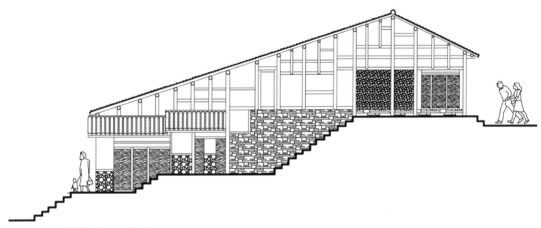

（a）梭厢式民居建筑立面示意图

（b）涪陵区大顺乡大顺村老街

图 10.17 梭厢式民居建筑

主要是受到西方建筑文化思潮的影响，其原因是当时的管理部门、建筑师及房产投资者的华侨受欧美的影响较大。在后来的发展过程中，逐渐形成了中西合璧的风格。

10.4.2　重庆骑楼式民居建筑

由于重庆的气候条件与广州类似，也是高温、多雨、潮湿的气候特征，便导致广州骑楼这种建筑形式也传到了重庆。在近代西方文化势力特别是教会的影响侵入到重庆内地，随着天主教堂的四处修建，一些西洋古典建筑式样也流传开来，成为时尚（图10.18）。有的照抄照搬，有的中西合璧，有的传统样式加些西式点缀，良莠不齐。从城市到乡村，甚至一些边远腹地也受其影响。后来，随着国民党政府移都重庆，使得中西合璧的骑楼式建

筑风格得到了进一步的推广应用，不仅在民居建筑，而且在办公建筑、商业建筑、医疗建筑、宗教建筑等公共建筑领域也得到了较广泛的应用（图10.19）。其实，骑楼式建筑不但在城镇有生存的土壤，而且在广大的乡村，居民为了扩大使用空间，常常在檐廊式民居的檐柱上再增加一层外廊，从而也形成了骑楼式民居建筑（图10.20）。

另外，还有一种形式的民居，在地形有下凹或水面、溪涧等不宜作地基之处，或在过往道路、街道的上空争取空间，而采取一种叫"跨越"的方式建房，即将房屋横跨其上，成为跨越式骑楼，如过街楼（图10.21）。除此之外，若干个过街楼连在一起便形成廊式街，只不过它是街两侧的骑楼式建筑合二为一罢了，是凉厅街的一种类型（图10.22、图10.23）。

（a）　　　　　　　　　　　　（b）

图 10.18　荣昌区天主教堂券廊

（a）涪陵区大顺乡大顺村洋房子

（b）江津区支坪镇真武场马家洋房

图 10.19 骑楼式民居建筑（一）

（a）沙坪坝区歌乐山镇老街

（b）石柱县悦崃镇新城村

图 10.20　骑楼式民居建筑（二）

（a）

（b）

图 10.21　过街楼式民居建筑（酉阳县龚滩古镇）

10.5 吊脚楼式民居建筑

10.5.1　吊脚楼式民居的起源

　　受不同气候、地貌等环境条件的影响，我国先

民们创造了许多异彩纷呈的建筑文化。大体可分为两大体系：以北方黄河流域为文化根源的穴居式和以南方长江流域为文化根源的巢居式。南方地势较低，气候炎热多雨，树木生长茂盛，故野兽、虫蛇较多，古人为了安全地繁衍下去，选择巢居。巢居的最

初形式是独木橧巢,即在一棵大树上构筑巢室以供居住者使用(图10.24)。独木橧巢的局限性使得人们不得不探求更为宽敞、方便、舒适、宜居的居住空间。人们经过长期生活经验的积累,发现利用砍伐来的树干水平绑扎在相邻大树的主干上,再在其上铺设树枝树叶,便可得到宽敞平整居住面的多木橧巢(图10.25)。随着氏族部落的发展和氏族人口的增长,原始采集式的生存方式早已不合时宜,取而代之的是新石器时期农业的兴起和发

(a)

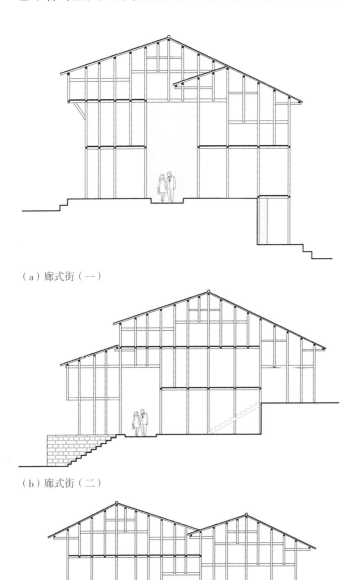

(a)廊式街(一)

(b)廊式街(二)

(c)廊式街(三)

图10.22 各种廊式街剖面示意图

(b)

图10.23 江津区中山古镇廊式街

展。农业的出现也是先民们走向定居形态的必要因素。定居就意味着在同一个地方巢居数量也将相应地增加，然而适宜于生产生活的自然环境不一定有足够的树木供人们建构巢室，为摆脱原有依靠树木建屋的局限性，新的居住形式也就油然而生了。干栏式建筑的出现为人们的生产、生存提供了新的庇护所，这是一种栽桩架板的建筑形式，抬高室内居住面，与潮湿的地面保持一定的距离（张磊、高艳莉，2016）。

建筑技术与生产工具的进步为干栏式建筑的出现提供了一定的物质基础。从众多的建筑遗址中可看到新石器时代主要的生产工具是石质的，这些器具对木材的加工和搭接起到了至关重要的作用。干栏式居所在建造时主要步骤如下：打桩→架梁→绑扎，也就在这一时期我国木构架中独特的连接方式"榫卯"出现了。然而这一技术一直沿用至今，并在建筑装配、家具组装中发挥着十分重要的作用，也正是因为工具的革新，才为建筑技术的进步提供了更多的可能。

干栏又称干阑，在现代壮语、侗语中，"干"是"竹木""上面"的意思，"栏"是"屋舍"的意思，"干栏"即意为房屋的上层。干栏式建筑是巢居的演变，是长江流域的先民们在历史长河的洗礼中积淀下的智慧结晶。最初的干栏式建筑主要根据立柱方式分两类：桩式干栏、柱式干栏（图10.26）。早期的桩式干栏常见于地势低洼潮湿的沼泽地带，由于土质松软不需要挖坑，只需将木桩的底部砍削成尖刺状或刀状，打入地下即可。而随着干栏式建筑的发展，一些气候较为干燥、地势较高的坡地上也都出现了干栏式建筑的身影，但由于土质较硬应先在地面进行挖坑然后栽柱，同时为了防止柱脚下沉，多采用在柱脚处垫有木板或石块。在坡地上建干栏式建筑主要是为了适应崎岖不平的地形条件。

干栏式建筑长脊短檐式的屋顶和高出地面的底架是其独特的艺术魅力，由于它底层架空，在建造时就可以减少处理地面的工作量，只需对地面焚烧野草后便可以在其上进行建构房屋。独特的建

造方式不仅满足了抗洪、防潮的实际要求，也解决了夏季高温环境下通风、隔热问题。抬高地板在适应南方特殊地区的生活方式的同时，也可以利用下部的空间放置杂物和饲养牲畜。干栏式建筑作为我国独特的建筑瑰宝，不仅是因为它适宜当地的自然环境，更多的是因为它体现了古人善择基址、因

图 10.24　独木檐巢

图 10.25　多木檐巢

图 10.26　桩（柱）式干栏

地制宜的聪明才干，渗透了儒道两家推崇的"天人合一"的哲学思想。总之，干栏式建筑的发展过程为：独木橧巢→多木橧巢→桩柱式建筑→干栏式建筑。

"以楼为室""悬空构屋"的干栏式民居，一般分为全干栏式和半干栏式两种架空方式。全干栏式民居就是底层全部架空，有的架空比较高，达3 m以上，有的比较低，不足1 m；半干栏式民居就是吊脚楼，即在基地受限制特别是在陡坡地段或临坎峭壁处，利用不同长短的柱子来支撑楼面，使楼面达到同一高度以方便使用，俗称吊脚楼或吊楼，成为半楼半地形态。这也是全干栏式结构为适应山地坡崖地形，争取建筑空间而发展创造出来的半干栏类型。吊脚楼除了吊脚支柱之外，还常常依附紧靠崖壁，所以也可称为"靠崖式建筑"或"附崖式建筑"。

重庆吊脚楼历史源远流长，发展演化极为久远。早在新石器时代，三峡地区原始人类就有许多这种新式的建筑居址，其实它们就是"干栏式建筑"（杨华，2001）。其中有许多位于坡地，如三峡地区中堡岛大溪文化时期（相当于新石器时代中期）遗址的发掘中，就发现这类建筑。该建筑在不平整的基岩面上凿成比较有规律的柱子洞以稳固木柱，这些柱子洞虽然在斜坡上，但长短不一的柱子使其上部的居住面能在同一水平面上，进而组合成大小不等的长方形房屋。这些房屋每间有十多平方米，有的还能够连成较大的长方形房屋。门多向东南，室内有窖穴。这一遗址可追溯到5 000多年前的巴人时期。

成都十二桥发现的殷商时期的干栏式建筑，是巴蜀民居的雏形，以后演变为汉代的干栏式建筑，再进一步演变为地龙墙、高勒脚、木地板、四周设通风口的民居，到了东汉即出现了庭园式民居。整个民居分4个院落，前堂、后寝、厨房、望楼，功能分区明确，多为穿斗式、抬梁式结构，有撑弓、斗拱的作法，已体现出巴蜀民居的布局和风格。

《华阳国志·巴志》："郡治江州，地势刚险，皆重屋累居……结舫水居五百余家"。南北朝"成汉"时期，大量僚人从贵州迁入，使干栏吊脚楼形式在巴渝大地兴盛一时，宋代"渝之山谷……乡俗构屋高树"，清代戏曲理论家，诗人李调元云："两头失路穿心店，三面临江吊脚楼。"可见，吊脚楼历代都未曾断绝，尽管它建筑寿命不长，屡建屡毁，但吊脚楼形态长盛不衰，至今仍是重庆民居的一大重要特色（图10.27）。

10.5.2　重庆吊脚楼式民居建筑

普遍认为吊脚楼是干栏式建筑为了适应山地环境而形成的一种建筑形态。干栏这种原本是在平原湖沼地带产生的建筑形式，当引入山区后，伴随着营建技术的提高，结合山区特定环境，必然向吊

图10.27　"重屋累居"雕塑（渝中区洪崖洞）

脚楼方向发生演进，使原来以防潮避湿为主逐渐演变为因地制宜、合理利用地形这一目的。重庆吊脚楼式民居就源于干栏式建筑适应山地环境的结果。重庆巴文化特点可概括为三个方面：一是"下里巴人"类的田歌，二是"巴渝"样的武舞，三是吊脚楼式的干栏。可见，重庆吊脚楼是干栏式建筑在当地的转化，是适应山地地形而形成的一种建筑形态。

1）地域分布

重庆吊脚楼式民居分布广泛，形成了两大特色区域：一是汉族文化为主体的渝西、渝东北地区；二是土家族、苗族文化为主体的渝东南地区。前者属于汉族吊脚楼建筑文化区，重自由，较随意，吊脚楼通常没有相对固定的形式，主要分布在重庆城区及古场镇地势较陡、用地受限制的沿河区域，往往形成高筑台、长吊脚、深出檐的特点，多为附崖式吊脚楼；后者属于武陵山区土家、苗族吊脚楼建筑文化区，重形制，有固定模式，且民族建筑文化特点较突出，形成了许多特有的吊脚楼建筑特点，如美人靠、宽廊、走马转角楼等，吊脚的主体是厢房，下为吊脚，吊脚底层多为畜圈、厕所或存放杂物等，多为分台式吊脚楼（图10.28）。

2）类型特点

重庆吊脚楼式民居的基本型可概括为由"帽子+身体+腿"三部分组成。帽子——屋顶，重庆地区潮湿多雨，以悬山、歇山坡屋顶为主，有利于排水；身体——方盒子，虽然吊脚楼平面自由多变，但仍以方型空间为主；腿——吊脚，一般是几根支撑楼房的柱子，吊脚楼柱子以150～300 mm圆木为主，有的施以砖柱或石柱。根据不同的功能空间，重庆吊脚楼式民居可分为住居型、店宅型。其中店宅型

（a）汉族吊脚楼（江津区塘河古镇某吊脚楼民居）

（b）土家族吊脚楼（酉阳县桃花源景区陶公祠）

图10.28　汉族与土家族吊脚楼民居建筑之比较

为了适应不同需要又有下店上宅型、上店下宅型、前店后宅型及店坊宅型等。根据竖向空间特色，重庆吊脚楼式民居可分为以下几种类型。

（1）附崖式吊脚楼

附崖式是吊脚楼民居中数量最多、影响力最大的一种类型，其主要特征除了吊脚支柱外（有时为了扩大使用面积，把吊脚空间封闭，致使吊脚支柱被包裹在内而不易被看见），就是依附紧靠崖壁，所以也可称之为"靠崖式建筑"或"附崖式建筑"（图10.29）。在结构上，吊脚楼木穿斗构架往里紧紧斜靠，立柱形成一定"侧脚"，使梁枋插入崖体，里低外高，结构与崖体紧密结合在一起，保证了整个吊脚楼的牢固与稳定，从而不会发生外倾危险。由于这种附崖式吊脚楼充分利用地形，民居犹如嵌入了坚固稳定的崖体，加上整个木构房屋楼面、墙面和屋顶都薄而轻，因此柱

图10.29 附崖式吊脚楼民居建筑（荣昌区路孔古镇）

子断面可以减小，甚至有的吊脚楼完全是竹木捆绑结构，同时常采用挑廊、腰檐层层外挑等手法，使吊脚楼的形象十分轻灵活泼，生动多趣。附崖式可进一步分为下跌式和上爬式。

①下跌式吊脚楼

下跌式吊脚楼又称下落式吊脚楼，即在街巷、平坝一侧往下的陡坡上建房。此种形式民居常位于道路一旁断坎上，民居依附于断坎逐层下落，有的民居入口在上面的道路上，通过室内楼梯联系楼内各空间，有的完全通过室外踏道解决垂直交通问题。街巷一侧为陡坡，民居临街1~3层，但往坡下可跌落数层，从坡下往上看，吊脚楼可高达5~6层。之所以称为下跌式，是相对于街面房屋主入口在上而言的，吊脚楼主要部分是由上往下延展，在剖面上形成上大下小的形状。上面临街部分主要对外可作铺面，而吊下的部分用于居住，也可用于牲畜圈栏或杂物贮藏。充分利用室外台阶分户入口，互不干扰。这种下跌方式甚至可在近乎垂直的峭壁上建房，是重庆以前最常见的吊脚楼形式，特别是沿江临坎的场镇，如西阳龚滩、巫溪宁厂等，江边这种吊脚楼比比皆是。因其临江侧的街面大都很窄，用于建房基地有限，只有往江边坡地争取建筑空间，而木穿斗构架这种结构方式最为简洁而又变化随意，可增可减，可长可短，可前可后，布局灵活（图10.30）。

②上爬式吊脚楼

上爬式吊脚楼主要是利用街巷一侧往上陡坡部分的崖壁空间，民居依附于崖壁上爬，遮盖一部分陡崖峭壁，避免街巷一侧全为自然陡坡，可有机地创造出激动人心的建筑景观。此种形式通常是民居依附于道路旁的崖壁之上，逐层上爬，入口从道路一旁进入。街巷一侧为陡坡，临街房屋沿坡靠崖壁往上建造，层层爬高，随之面积增加，也可能逐层内收，在外设置挑廊（图10.31）。

上爬式吊脚楼的不同楼层面积随着坡度变

化由下而上逐步增加，并通过层层出挑等手段进一步扩大空间，形成上大下小的建筑形态。有的吊脚楼依附于山崖有3~4层高，每层都向外出挑，尽量多地争取使用空间，且在室内也有较好的景观视线，也不会妨碍下面交通。之所以称为上爬，是相对于临街房屋主入口在下而言的，吊脚楼主要部分是由下往上伸展，剖面通常也是上大下小的形状。有时甚至可爬至上一街巷，使上爬式与下跌式结合为一体，难以明确区分。这种吊脚楼在以前重庆城区及沿河场镇都可见到，临江一侧房屋多为下跌式，靠山一侧房屋多为上爬式。根据地形条件，各层联系除了内设楼梯外，也可以室外另用梯道相通。在有些坡度起伏变化较为复杂的地方，吊脚楼往往是上爬下落，兼而有之。既可从底层，也可从顶层进入建筑，方便灵活，充分体现了民居对地形的尊重与适应（图10.32）。

（2）跨越式吊脚楼

不管是上爬式还是下跌式，只要底层镂空，则可形成跨越式吊脚楼民居。其原因可能是在地形有下凹或水面、溪涧等不宜作地基之处，或在过往道路、街道的上空，为了争取空间而采取一种叫"跨越"的方式建房，即将房屋横跨其上成为跨越式吊脚楼（图10.33）。实际上这种形式的民居也是一种骑楼式民居。

（3）分台式吊脚楼

这也是一种爬坡的形式，不过需要增加对地形的改造。分台式吊脚楼常常一半为"地居"，一半为吊脚"架空"，形成所谓"半边楼"，多建于坡度约30°的坡地上，以2~3层居多。一般在坡度方向略加填挖平整，做成梯级状台地，多数分成前后二台，前面一台地势较低，设吊脚楼层；后面一台地势较高且面积较大，多建正房。在渝东南地区，土家

（a）

（b）

图10.30　下跌式吊脚楼民居建筑（江津区白沙古镇）

图10.31　上爬式吊脚楼民居建筑（沙坪坝区磁器口古镇）

（a） （b）

图10.32 上爬下跌兼而有之吊脚楼民居建筑（江津区白沙古镇）

（b）开州区临江镇应天村

（a）江津区白沙古镇 （c）酉阳县苍岭镇石泉苗寨

图10.33 跨越式吊脚楼民居建筑

（b）起吊一层（二）（武隆区土地乡犀牛古寨）

（a）起吊一层（一）（武隆区火炉镇）

（c）起吊一层（三）（武隆区沧沟乡大田村）

（d）起吊一层（四）（武隆区土地乡犀牛古寨）

（e）起吊两个半层（石柱县石家乡）

图 10.34　分台式吊脚楼民居建筑

族、苗族吊脚楼也是一种分台式吊脚楼。一般地，正房位于地形较平坦的台地，而厢房位于地形较陡的坡地，为了适应坡地环境，厢房往往做成吊脚楼，有的起吊半层，有的起吊一层，其吊脚空间多为堆放杂物、圈养牲畜或安置厕所等（图10.34）。

10.6 碉楼式民居建筑

10.6.1 碉楼式民居的起源

　　从字义上考察，"楼"字的使用最早在汉代许慎的《说文解字》中已经出现。据张国雄研究，最早使用"碉"字来解释这种建筑的，是唐朝人李贤（张国雄，2003）。他在注释《后汉书·南蛮西南夷传》中的石结构防御建筑"邛笼"时注："按：今彼土夷人呼为'雕'也。""雕"与"碉"可以通假，说明唐朝时当地民众已经改用"碉"来称呼这种建筑了。"碉楼"一词在中文里是"楼"的建筑形体与"碉"的防御功能相结合而构成的一种建筑类型。它的形成与发展是自然环境、社会文化环境综合作用的结果，具有很强的地域性。在我国不同的地域，人们出于战争、防守等不同目的，其建筑风格、艺术追求是不同的，对其称呼也不尽相同，有的叫"炮楼"，有的叫"箭楼""楼子"或"桶子"等。实际上，其作用大体一致，都是指高耸直立、用于防守和攻击的塔式构筑物，利用高度优势以获取良好的视线，从而有效地牵制敌人。

早在秦汉以前，就有一种多层建筑存在，叫"角楼"或"望楼"。"角楼"更多地反映了它在住宅中的位置，建于住宅院墙的转角部位；"望楼"主要表达的是它的功能，望楼在上古时期是人们望候神人的"台"，建在院落内，对位置的要求并不严格。碉楼的建造是受到古代角楼或望楼的启示而发展起来的，远在汉代就已经很完备了。汉代的碉楼实物今天已不可见，不过在画像砖、画像石以及明器中仍有保留。到了魏晋南北朝时期，北方战乱纷争，民间大量兴建带防御性设施的城堡式建筑——"坞堡"，其中的碉楼是整个坞堡的重要组成部分。甘肃武威雷台出土的釉陶明器坞堡，中心有望楼，四隅有角楼，角楼之间架栈道相通，望楼高出堡内其他建筑，成为视觉的关注焦点（图10.35）。这些角楼、望楼就是今天人们常说的碉楼。

巴蜀先民，惯于山居，先祖蚕丛"依山之上，垒石为居"以防人兽袭击，为居住和防御最早之建筑，亦是碉楼的原始形态。至西汉末年及东汉时期，巴蜀地区大户人家开始大量修建庄园，庄园堡寨及聚落中建造类似碉楼的防御性高塔建筑即望楼开始普遍，具体形象可见于本地区汉代壁画、画像砖与

明器中，汉以后因地区战事民变不断，故而凭借山势地形修建堡寨碉楼更是不绝。据史料记载，唐景福元年（公元892年），大足永昌寨内就"筑有城堡二十间，建敌楼二十余所"。明末清初以来，大量移民入川，"五方杂处"，加之土匪横行，各地乡村大兴建造寨堡、碉楼之风。特别是到了清嘉庆初年，川陕鄂三省交界地区发生白莲教农民起义。清廷为了镇压起义，颁布了若干政令，提出了"坚壁清野"策略，鼓励百姓自己出资修筑寨堡。据《三省边防备览》卷十二载记载，"（嘉庆）五年以前自寨堡之议行，凭险踞守，贼至，无人可裹，无粮可掠"；"州县之间，堡卡林立"。清末民初，由于社会动荡，官匪沆瀣一气，打家劫舍，百姓生命财产无从仰仗，唯凭修筑碉楼自保（蓝勇、曾小勇，2004）。

重庆地区的碉楼，有的是与村落型或场镇型古寨堡一同建造，有的是与住宅一同建造，形成单家独户的碉楼景观。虽然重庆历史上建了不少的

图10.35　甘肃武威雷台出土的釉陶明器坞堡

碉楼,但明以前的碉楼能够完整留存至今的却比较少。目前,保留下来的碉楼大多是清末民初这一时期修建的。

10.6.2 重庆碉楼式民居建筑

碉楼式民居为单体型古寨堡,包括碉楼式、围楼式两种类型,以碉楼式为主,详见第5章。碉楼式民居是专指那些将碉楼与居住空间紧密结合,形成有机整体的一种民居类型。重庆碉楼建筑本身大多具有相似的空间形象与建筑形制。在平面形制方面,多为矩形,且大多为一个开间,这样的平面不但易于建造,而且易于防守。在竖向空间方面,碉楼大多3~5层,有的甚至9层,如云阳县彭氏宗祠碉楼。碉楼底层一般用作储存粮食或厨房;2~4层大部分为储物、休息、居住的空间,墙体上均有射击孔;顶层多为木构架开敞空间,起瞭望防御作用;大部分碉楼在四个角落建造挑廊、墩台,挑廊宽0.5~1 m,有的把四边的挑廊连为一个整体,形成走马型挑廊,其目的是没有防御死角,在后期逐渐演变为休闲的亭台楼阁。在建筑材料结构方面,有的为石结构,有的为砖结构,有的为夯土结构,有的为木结构,但大多数为土石、砖石、土木、土石木等混合结构。在屋顶造型方面,多为歇山或悬山式屋顶,但也有盝顶式屋顶,如云阳县彭氏宗祠碉楼。

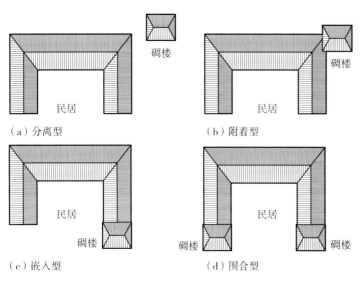

图10.36 四种碉楼式民居建筑类型

依据碉楼与住宅的组合关系,可将重庆碉楼式民居分为:分离型、附着型、嵌入型、围合型等4种类型(图10.36)。

位于云阳县凤鸣镇的彭氏宗祠是一嵌入型碉楼式民居,并且碉楼位于偏西的第二个天井之中(图10.37)。宗祠选址于群山环抱之中的一个三面临崖的丘陵顶上,悬崖下有山泉汇集而成的小溪环绕流淌,只有东面唯一的缓坡入口与其相连,地形十分险要,易守难攻,为典型的碉楼式民居。其中心为高高耸立的碉楼,是整个宗祠最明显的标志。碉楼为正方形、高9层达33.3m的阁楼式建筑,是整个宗祠的最后一道(第三道)防御屏障。碉楼朝东开门,门板用铁皮包裹,底部6层为外石内木的楼基部分,边长10.5m,墙厚1.33m,每层四周均开有圆形和六边形的射击孔,共计36个;碉楼顶部3层为三重檐、盝顶式屋顶。宗祠的第一道、第二道防御屏障均为高高的寨墙:第一道寨墙(外寨墙)是高约5m、厚约0.5m的砖石结构(下大段为条石,上小段为砖墙),其基础坐落在坚硬的整体山岩上,与陡峭的崖壁完美结合,寨墙上开有高低不同的射击孔,形成了宗祠的第一道防御屏障。第二道寨墙(内寨墙)呈长方形,面阔33m,进深37.5m,全用条石砌筑,形成一道高12~15m、厚达1.6m的坚固寨墙,并与内部房间合二为一,在重要部位设有32个射击孔,成为宗祠的第二道防御屏障。由此可见,彭氏宗祠的选址坚持了地形险要、紧邻主宅、围而不困这三大原则,采取了两道寨墙、三道屏障、9层碉楼的空间布局,把家祠、私塾、防御三大功能有机地结合起来,实现了科学与艺术的完美结合,不愧为重庆民居中的上乘之作。目前为国家级文物保护单位。

江津区四面山镇会龙庄(又叫王家大院)属于围合型碉楼式民居,是重庆市市级文物保护单位,为复式合院布局,占地面积2万多平方米,规模宏大,有戏

楼、碉楼、水榭、过亭等建筑。据记载，原有碉楼
5个，其中3个碉楼布置在左、右、后山头上，通过
石围墙串联3个碉楼。现今只剩右上角碉楼，共5层
38 m高。每一层的墙上都有射击孔和相应的配套设
施（图10.38、图10.39）。

若按乡镇这一行政区域来划分，涪陵区大顺
乡的碉楼数量为全市之冠。据统计，全乡有108座
碉楼式民居（图10.40）。其成因一是大顺乡山高坡
陡，地形复杂，丛林茂密，地广人稀；二是新中国成
立前匪患较多；三是"湖广填四川"，特别是客家移

（a）碉楼与寨墙

（b）从宗祠老宅远观碉楼

（c）从山脚下仰视碉楼

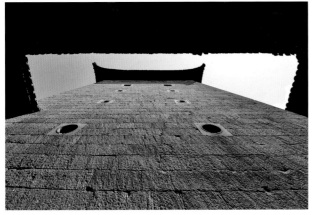

（d）从内天井底部仰视碉楼

（e）从外天井底部仰视碉楼

图 10.37 云阳县凤鸣镇彭氏宗祠碉楼式民居建筑

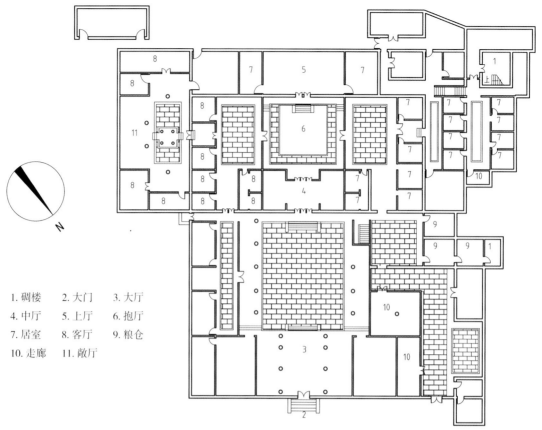

1. 碉楼　2. 大门　3. 大厅
4. 中厅　5. 上厅　6. 抱厅
7. 居室　8. 客厅　9. 粮仓
10. 走廊　11. 敞厅

图 10.38　江津区四面山镇会龙庄平面图

（a）　　　　　　　　　　　　　（b）

（c）　　　　　　　　　　　　　（d）

图 10.39　江津区四面山镇会龙庄碉楼式民居建筑

民仍保持建围楼这一传统建造习俗。这些因素致使大顺乡的碉楼式民居不但数量多，而且风格独特，例如瞿九酬客家围楼就是客家文化与本土巴渝文化的有机结合，其外墙采用的是客家土楼传统的夯土墙营造技术，而内部却采用的是巴渝传统的穿斗式木结构建造技术，二者达到了完美的融合。大顺乡大田村就是以碉楼为特色成功被评为第二批中国传统村落，该村就有柏树坪碉楼、王家湾碉楼等。总体而言，大顺乡碉楼式民居大多为就地取材的夯土结构，屋顶以小青瓦歇山顶居多。在旷野的乡村，高耸的碉楼式民居往往成为一个区域的视觉中心和标志性景观。

（a）

（b）

（c）

（d）

（e）

（f）

图 10.40 涪陵区大顺乡部分碉楼式民居建筑

10.7 庭院式民居建筑

10.7.1 庭院式民居的起源

虽然庭院式民居的重点是在平面形制上，但在竖向空间上却是中空的，体现了天地相通、内外有别的营造理念，因此，从竖向空间上分析庭院式民居，是十分必要的。"庭"是指我国旧式建筑物阶前的空地，依其位置不同有前庭、中庭、后庭的划分；"院"是指房屋围墙以内的空地。因此，庭院就是由建筑物围合的空间，其平面形制为"口"形，包括北方的四合院民居与南方的天井院民居两大类型。从远古时代的"巢居""穴居"逐渐演变为地面上建造木骨泥墙的住房，而后形成了木构架房屋，进而出现了组合完整的院落。从考古资料得知，早在距今3 000多年前的西周时代已经有了布局完备的庭院。这种木构架体系、院落式组合的建筑是中国建筑最突出的、最根本的特点。

关于庭院的起源，简单地说，从周原遗址考古所得的陕西岐山凤雏村的"中国第一四合院"开始，历代都有一些文献、明器、画像砖、画像石、绘画、壁画等进行了有关庭院式民居的记载与刻画，从中可以看出庭院式民居建筑的布局形式是一脉相承、从未间断的（图10.41）。周原考古、殷墟考古均有所见。汉代的若干画像砖、画像石、明器也清楚地表现出当时的庭院式住宅的形象，如四川成都出土的画像砖（图5.23），右侧有门、堂、院两重，是住宅的主要部分；左侧为附属建筑，院也两重，后院中有方形高楼一座。隋朝展子虔的《游春图》以及敦煌壁画上的住

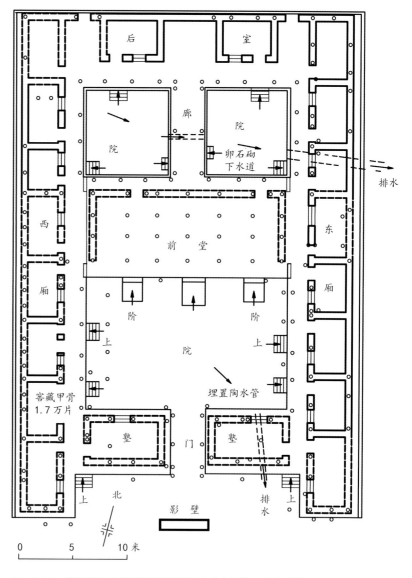

图10.41　陕西岐山凤雏村西周建筑遗址"中国第一四合院"平面
图片来源：据潘谷西（2004）绘制

宅，唐代明器等表现了隋唐时的庭院式住宅。宋元时的绘画就更清楚勾画出了当时庭院式住宅的形象，如张择端的《清明上河图》。明清时期的住宅，至今在全国不少地方都有实物遗存，而北京四合院住宅，可以说是这种一脉相承的庭院式住宅经过3 000多年的嬗变，到了明清以至民国时期，成为中国庭院式住宅的最后表现形式，达到了艺术造诣与技术水平的顶峰。

虽然我国各地的庭院式民居样式有所不同，但它们有许多共同的或近似的特点：明确的流线、严谨的格局、渐进的层次等。

10.7.2 重庆庭院式民居建筑

1）四合院民居建筑

重庆四合院兼具南北方的特点，就单个四合院而言，比北方的四合院要小，比南方的天井院要大。院坝与房屋面积的比例：北方院落一般为1∶2，云南一颗印为1∶5.5，重庆四合院为1∶3，介于南北二者之间，显得亲近宜人，既不像北方四合院那样空旷，也不像云南一颗印那样压抑，具有较强的尺度感。重庆四合院民居大多采用房房相连式，从屋顶上俯瞰，屋顶仍然是相连交错的，呈现出房房相连的状态。从庭院竖向空间上看，正房大多采用檐廊式，两边的厢房大多采用骑楼式。为了适应不同标高的地形，两边的厢房也大多采用坡厢式或拖厢式（图10.42）。若地形高差及建筑规模较大，常常形成山地四合院甚至重台重院的竖向空间格局。

2）天井院民居建筑

重庆天井院民居平面紧凑，多口小而深，有的呈正方形或近似正方形，有的呈狭长形，甚至还有半边形或称漏角天井。一般地，天井的剖面形态比较瘦长，檐口的出檐很远，不仅要盖住天井周边的走道，还要将檐口向天井内挑出约10 cm，以便使屋檐的雨水落入到天井之中，体现了"四水归堂""肥水不流外人田"的营造理念。四周的建筑，若为单层檐口，离地约4 m，若为两三层的阁楼，则檐口离地在5 m以上。也有个别特殊情况，单层建筑檐口在3 m以下者。因此，天井的横剖面高与宽的比在2∶1以上。正是这种比例，才有助于天井口的抽风效应，起到良好的通风降温作用

（a）江津区四面山镇会龙庄庭院与骑楼

（b）荣昌区路孔古镇禹王宫庭院与骑楼

图10.42 四合院民居建筑

（图10.43）。

天井的功能除了通风、避暑、除湿以及美化建筑内部环境之外，还具有一定的交通组织功能。如建筑位于坡地之上，后进的建筑必须较前进的建筑退台而立，那么这个消化坡度的地方往往会选择在天井，因此天井成了重要的垂直交通空间。如铜梁区安居古镇的大夫第，就在天井中利用台阶踏步解决了2 m多的高差。在重庆民居中，抱厅是一种很

（a）渝北区龙兴古镇刘家大院（带抱厅的天井）

（b）开州区中和镇余家大院

（c）黔江区黄溪镇张氏民居

（d）江津区塘河古镇廷重祠

（e）铜梁区安居古镇禹王宫

图10.43　天井院民居建筑

有特色的空间类型，抱厅在空间尺度和使用功能上同天井比较相似，不同之处在于其上有屋盖。因此，抱厅具有双重空间的特点，既具有室内空间遮风挡雨的优点，又具有天井通透的特点。抱厅大致有满覆形抱厅、工字形抱厅、十字形抱厅等3种形制。

比较大型的庭院式民居大多是由四合院与天井院组合而成的。一般地，四合院空间较大，位于建筑的中轴线上，而天井院空间较小，位于四合院的两侧或前后。从天井院竖向空间上看，大多采用檐廊式、挑檐式，为了适应不同标高的地形，天井及其前后的建筑大多分台而筑，从而形成山地台院的竖向空间格局（图10.44、图10.45）。

除了上述7大竖向空间类型之外，还有封火山墙式民居建筑。封火山墙既是一种屋顶类型，又是一类竖向空间。在重庆地区封火山墙可大致分为三角尖式、直线阶梯式、折线阶梯式、曲线弧形式、直曲混合式5种类型。封火山墙组合形式灵活，

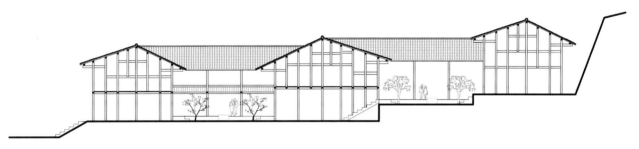

图 10.44　分台而筑的庭院式民居建筑剖立面示意图

图 10.45　四合院与天井院组合的民居建筑（云阳县三峡文物园）

造型变化丰富，类型特征多样，使得重庆地区简单的屋顶变得错落有致、曲折流畅，极大地丰富了民居屋顶的轮廓与层次，具有浓郁的地域特色（图10.46）。详见第9章。

（a）江津区塘河古镇廷重祠

（b）丰都县小官山古建筑群

（c）荣昌区路孔古镇赵氏宗祠

（d）江津区塘河古镇石龙门庄园

图10.46　封火山墙式民居建筑

本章参考文献

[1] 潘谷西.中国建筑史[M].北京:中国建筑工业出版社,2004.

[2] 萧红颜.居丘、起坟与筑台[J].建筑师,2006(4).

[3] 张磊,高艳莉.浅谈干栏式建筑的发展与影响[J].城市建筑,2016(3).

[4] 杨华.三峡地区古人类房屋建筑遗迹的考古发现与研究[J].中华文化论坛 2001(2).

[5] 张国雄.中国碉楼的起源、分布与类型[J].湖北大学学报:哲社版,2003,30(4).

[6] 蓝勇,曾小勇,杨光华,等.巴渝历史沿革[M].重庆:重庆大学出版社,2004.

第11章

营造技术

山地地貌和湿热气候是重庆民居所处自然环境的两大主要表现。在长期的适应过程中，根据当时的经济技术水平，如何利用地形，争取空间，改善条件，减轻湿热气候带来的不良影响？如何因地制宜，就地取材，结构合理，经济适用？先民们创造了一系列适宜技术和巧妙的处理手法，不但积累了丰富的营造经验，而且也造就了重庆民居独有的地域特色。

11.1 建筑环境适应技术

11.1.1　山地环境适应技术

重庆山地丘陵众多，是一个十分典型的山地环境，民居建筑结合地势，利用地形，争取空间，匠心独运，无所不巧，技法灵活多样，富于创造，

可以概况为以下"六类三式十八种"技法：台、挑、吊；坡、拖、梭；转、跨、架；靠、跌、爬；退、让、钻；错、分、联。亦可称之为"山地营建十八技（法）"。部分内容详见第10章。

1）台、挑、吊

台，即筑台。重庆地区由于复杂的地形条件，

（a）集中性处理高差（武隆区土地乡犀牛古寨）

（b）集中性处理高差（沙坪坝区磁器口古镇）

（c）院落内分段处理高差（铜梁区安居古镇禹王宫）

（d）院落内分段处理高差（铜梁区安居古镇下紫云宫）

图11.1　筑台中高差处理技法

处理民居建筑与地貌环境的关系就变得更加直接，筑台是本地先民采用的一种最简便的地形处理方法。通过或挖或填，将坡地平整化，在陡坡区创造出局部的平地小环境，然后在平整的台地上布置建筑，成为不同类型建筑物采用的基本接地手法。在筑台营造过程中，虽然能通过分解高差处理，使每层平台的建筑形态接近于平地，但是分层筑台仍会强烈影响建筑的整体空间形态。依照最经济原则，在尽可能少的改造地形的基础上，结合不同的坡度，重庆山地民居建筑筑台的技法各有差异，主要有"取平补齐"、集中性处理高差、院落内分段处理高差、建筑内部和院落同时处理高差以及建筑内部处理高差等五大类手法（图11.1）。

挑，即悬挑。它也叫出挑，是利用挑檐、挑廊、挑厢、挑楼、挑梯等技法来争取建筑空间，扩大使用面积（图11.2）。重庆地区民居建筑采用的捆绑结构、穿斗结构中，常用的竹、木等材料自重轻，受弯性能好，利用悬挑的方法可以充分发挥材料的性能。在悬崖、陡坡等局促地形常采用挑厢、挑楼的技法，"占天不占地"，具有很好的节地性；在滨水地区常采用挑廊（或称挑阳台）、挑厢的技法，不仅能获得良好的景观视线，而且有利于楼面通风，改善小气候。由于常用的穿斗木构架较为纤细，出挑的跨度受到一定的限制，因此人们又创造出层层出挑的方式，楼层自下而上面积逐步扩大，人们居于"危房"，却能怡然自处。

吊，即吊脚。它是指建筑物的一部分搁在吊的脚柱上，使建筑物底部凌空的一种处理技法，能达到"悬虚构屋"的艺术效果。在重庆地区的陡坡地段、临坎峭壁或者临江两岸，常见利用木柱下探

（a）挑廊

（b）挑檐与挑廊

图11.2 "挑檐"与"挑廊"构筑技法（北碚区偏岩古镇）

获得支撑的房屋，看似纤细的几根木柱，其上可达四五层，这类房屋被称为吊脚楼。由于与架空一样，吊脚楼与地面的接触部分减少到几个点，因此避免了建筑与山地地形之间的矛盾，修盖建筑之后仍可保持原有的自然地貌和绿化环境，同时可以避免破坏地层结构的稳定性而产生类似滑坡、崩塌之类的地质灾害。再者，脚柱的位置可以随意调整，适应的坡度范围较广，因此在山地区域使用普遍。对于吊脚下的空间，既可实现通风防潮的功效，在广大农村又可作为贮藏和圈养牲畜之用。此外，吊脚楼常与筑台、悬挑等技法结合使用，以便争取更多的空间（图11.3）。

2）坡、拖、梭

坡，即坡厢。它是位于坡地上的厢房结合地形的一种处理方法。在三合院或四合院布置于缓坡地段时，垂直于等高线的厢房做成"天平地不平"的形式。"天平"指坡厢处于同一屋顶下，"地不平"指坡厢地平标高处理不同。一种情况是指厢房内地坪按间分台，以台阶联系；另一种情况是室内地坪同一标高，而外部院坝或踏步顺坡斜下，厢房台基不等高（图11.4）。

拖，即拖厢。合院中较长的厢房可以分为几段顺坡筑台，一间一台或者几间一台，每段屋顶和地坪标高都不同，有的层层下拖若干间。也可以各间地坪标高相同，而每段屋顶高度逐级低下，这种"牛喝水"拖法也称为拖厢。另外，在山地场镇中，虽然不是厢房，但毗邻的民居建筑按垂直于等高线布置，往往也采用拖厢的处理技法（图11.5）。

梭，即梭厢。将屋面拉得很长的部分叫"梭檐"，带梭檐的厢房则称为"梭厢"。一般较长的厢

（a）酉阳县龙潭古镇

（b）江津区中山古镇

图11.3　"吊脚楼"构筑技法

（a）

（b）

图11.4　"坡厢"构筑技法（铜梁区安居古镇城隍庙）

房常做长短檐,前檐高而短,后檐低而长,且随分台顺坡将屋面梭下。有的厢房也可以沿垂直等高线方向做单坡顶,随分间筑台屋顶顺坡而下,屋面为整体,屋面下的室内高差不等。梭的手法还可以用于正房或偏厦。正房进深较大,有时也做成长短檐,后檐可梭下到人的高度。偏厦的单坡顶同样可以随坡分台成梭檐(图10.17)。

3)转、跨、架

转,即围转。在地形较复杂的地段,特别是在盘山坡道的拐弯处布置房屋,常呈不规则扇形,以围绕转变的方式分台建造,而不是按简单的垂直或者平行等高线布置。这是山地营建特别灵活别致的处理手法(图11.6)。

跨,即跨越。在地形下凹或者水面、溪涧等不宜做地基之处,或在过往道路上空争取空间建房,则可采

图11.5 "拖厢"构筑技法(石柱县西沱古镇)

取跨越方式,将房屋横跨其上,如枕河的茶楼、跨溪的磨坊、临街的过街楼等(图11.7)。

架,即架空。此种方式与吊脚楼相似,区别在于架空是将建筑物全部搁在脚柱上,为全干栏建筑的遗风。重庆地区采用全架空的建筑比较少,即使从结构角度木构架采用了底层架空处理,在空间上也会以砖石墙围合作为储存杂物、喂养牲畜的空间。

4)靠、跌、爬

"靠、跌、爬"为附崖式建筑的几种不同处理技法。附崖是指附贴崖壁,以崖体为重要支撑结构,因地制宜、营造建筑的特殊处理技法。附崖建筑充分利用几乎不能建设的山地悬崖地段和空间,反映出先民建造的智慧和勇气。

靠,即靠山。尤指一些阁楼建筑紧贴山体崖壁,而成附崖建筑形态。建筑横枋插入崖体嵌牢,房屋及楼面略微内倾,或层层内敛,整幢建筑似乎靠在崖壁上,是重庆地区"以小博大"建筑手法的技术体现。

跌,即下跌。附崖式建筑位于上街下坎地带,以上部平地入口,楼层从上往下逐次下跌,其下部多为吊脚楼或筑台(图11.8)。

爬,即上爬。附崖建筑位于上崖下街地段,建筑物依附崖壁,逐层上爬,由底层入内(图11.9)。

在有些坡度起伏变化较为复杂的地方,附崖式建筑往往是上爬下落,兼而有之。如上下均临街或道路的民居建筑,既可从底层,也可从顶层进入屋内,方便灵活,充分体现了民居对地形的尊重与适应。

5)退、让、钻

退,即后退。山地民居基地窄小且不规则,多有山崖巨石陡坎阻挡,布置建筑不求规整,不求严谨,而是因势赋形,随宜而治,宜方则方,宜曲则曲,宜进则进,宜退则退,不过分改造地形原貌。前有陡崖可退后,留出院坝或街道,形成半边街(图11.10),后有高坡可退留出一段空间以策安全。有些大型院宅也不追求完整对称

图11.6 "转"构筑技法（石柱县西沱古镇）

图11.7 "跨"构筑技法（铜梁区安居古镇）

图11.8 "跌"构筑技法（渝中区鹅岭公园桐轩）

方正，尤其后部及两侧多随地形条件呈较自由的进退处理。

让，即让出。有的基址台地本可以全部用于建房，但有名木大树或者山石水面，建筑布置则有意让其保留，反而成为居住环境的一大特色。有时为多种生活功能的考虑也可主动让出一部分空间，不全为建筑所占，如让出边角零星小台地作为生活小院或半户外厨灶场地。在一些场镇建筑布置较密集的地段，房屋互让，交错穿插，形成变化十分丰富的邻里环境空间，甚至让出较大的空地，形成供休闲娱乐的小广场（图11.11）。有的建筑讲求不"犯冲"的风水关系，实际上也反映了一种为求环境和谐的避让原则。

钻，即钻进。利用岩洞空间建房，或将其作为生活居住环境的一部分，与房屋空间结合使用，犹如"别有洞天"。岩居方式在山区也曾流行，现在还有少数人家保持这种居住方式。例如，丰都县乌羊村罗宅，整栋房屋由一个高约12 m，进深5～6 m的岩洞改造而成。房屋除了正立面的墙面为木构，其余三面直接利用岩壁。房屋底层用岩石垒砌，用来养牲口，另外一种"钻入"手法则是因台地较高，房屋前长台阶设置的巧妙处理就是将其深入房屋内部空间再沿梯道而上，形成十分特别的入口形式（图11.12）。

6）错、分、联

错，即错开。为适应各种不规则的地形，房屋布置及组合关系在平面上可前后左右错开，在竖向空间上可高低上下错开。有时台地边界不齐，房屋以错开手法随曲合方,或以方补缺(图11.13)。

分,即分化。房屋可随地形条件和环境空间状况,化整为零,化大为小,以分散机动的手法使平面自由伸缩,小体量组合更为灵活。在竖向空间处理上,可分层入口,可设天桥、坡道、台阶、楼梯等,以多种方式化解垂直交通难题。

联,即联通。采用各种生动活泼、因地制宜的联系方式,使庞大的多重院落和建筑相互沟通,连成一片。如联通建筑群各部分的外檐廊,场镇中的过街楼等(图11.14)。

11.1.2 湿热环境适应技术

重庆是一个高湿热的气候环境,"闷热""潮湿"一直是影响居住环境品质的大问题。因此,如何处理好遮阳防晒隔热、通风透气纳凉、防潮除湿排水等三大问题是改善人居环境质量的关键。不过,先民们在长期的营造实践过程中,积累了丰富的经验,创造了一系列适应湿热环境的技术和方法。

1)遮阳防晒隔热

(1)争取有利朝向

重庆气候的一大特点是夏季日照强烈、温高闷热,而冬季阴冷潮湿,云雾较多,日照较少。因此,在夏季非常重视建筑的朝向,其目的是如何避免过多的日照,而在冬季因云雾较多,不太重视朝向。虽然在重庆因复杂山地环境的影响,选择理想的朝向不太容易,但是一般来说,只要有条件还是争取较好的南向或东向,而且尽量避免西晒。而最佳的

图11.9 "爬"构筑技法(酉阳县龚滩古镇)

图11.10 "退"构筑技法(酉阳县龚滩古镇)

图11.11 "让"构筑技法(江津区中山古镇)

朝向是东南向，其主要房间在一天中受日照相对较少，而且中午之后较多处于阴影之中，较少受日晒。"L"形民居建西厢房的目的之一，也是让正房在下午一段时间处于阴影之中，避免西晒。

（2）采用檐廊、悬挑、骑楼等形制

场镇民居建筑较为密集，为了防晒遮阳这一共同的利益，大家采取统一的檐廊式建筑形制，形成统一的建筑风格，具有最大的遮阳防晒效果。在以前房屋产权私有的社会环境下，要做到这样统一规划，统一建造，实属不易。反而证明了这种建筑形制确实非常适合炎热多雨的气候条件，为广大民众喜爱而普遍接受，所以有各式各样类似的檐廊街、

图 11.12 "钻"构筑技法（云阳县张飞庙）

（a）荣昌区路孔古镇

（b）巴南区丰盛古镇

图 11.13 "错"构筑技法

（a）外檐廊（武隆区土地乡犀牛古寨）

图 11.14 "联"构筑技法

（b）过街楼（黔江区濯水古镇）

廊式街、骑楼街得以流行各地。另外，在独栋民居建筑或建筑群中也较普遍采用檐廊式、悬挑式、骑楼式，可以使建筑产生更大面积的阴凉空间，最大限度地减少阳光直射（图11.15）。

（3）增高建筑内空，加建阁楼层

适度提高房屋内空间，可以减少热辐射。一般主要厅堂、过厅的内部空间为露明梁架，较为高敞，利于散热。其他房间则多建阁楼层，既可以有效隔热，又可以用于储藏（图11.16）。

（4）普遍使用大宽檐

遮阳最直接有效的构造措施是加大房屋出檐，既可以防晒，形成大片阴影面积，又可以防雨，保护墙面。一般重庆民居房屋出檐都较宽大，大多在1 m以上，有的挑枋出檐甚至超过1.5 m以上。还可在墙面上加设挑廊、挑檐、披檐、腰檐、眉檐等以达到遮

阳避雨的目的（图11.17）。

（5）部分民居还采用夯土墙与石墙

因夯土墙、石墙具有良好的热工性能——冬暖夏凉的特点，并且能够就地取材，施工方便，所以重庆有不少的民居为生土建筑与石建筑（图11.18）。

2）通风透气纳凉

（1）利用气候小环境，迎纳主导风向

受风水观念的影响和实践经验的总结，绝大多数民居，不论是一般农宅还是大型宅院，多选址在三面围合一面开敞的背山面水的风水宝地中。这种山洼环境多有小气候特征：白天因太阳辐射，比热较小的地表增温较快，近地层形成低压，而邻近的水体因比热较大或低谷因遮荫效果较好使得增温较慢，则形成高压，风从高压吹向低压，所以白天常常有谷风（江风、河风或湖风）

（a）骑楼街（巴南区石龙镇老街）

（b）檐廊街（涪陵区大顺乡大顺村老街）

图 11.15 具有防晒避雨功能的檐廊街与骑楼街

（a）露明梁架（潼南区双江古镇杨氏民居）

（b）板楼式阁楼（秀山县梅江镇金珠苗寨）

图 11.16 具有散热隔热的露明梁架与阁楼

从前方敞开处吹来，建筑面向开敞一面正好吸纳这股气流，使之吹遍全宅。晚上则形成山风，即风从山顶处吹下来，也会对建筑进行降温。总之，位于这种背山面水地理环境中的民居建筑或聚落就是充分合理地利用了山谷风这一小气候特点，达到通风透气纳凉的目的，从而提高了人居环境质量，也就是风水上所讲的"聚气生财"（图11.19）。

（2）营造开敞空间，组织穿堂风

炎热的气候必然要求建筑更加通透，开敞空

（a）双重挑廊（巴南区石龙镇老街）

（b）腰檐与挑廊（酉阳县龚滩古镇）

（c）宽檐（巴南区丰盛古镇）

图 11.17 具有遮阳避雨功能的宽檐、腰檐与挑廊

（a）石建筑（城口县高楠镇方斗村）

（b）生土建筑（渝北区大湾镇某碉楼）

图 11.18 具有冬暖夏凉优点的石建筑与生土建筑

间更加发达。在房间使用功能的安排上，常将一些主要厅堂和处于纵横轴线重要通道上的房间辟为敞口厅或穿堂，如堂屋、正厅、花厅、过厅以及一些家务、生产活动场所等都可开敞。有的天井院四周房间全部敞开或全为通透的隔扇，有的正厅的

全部隔扇不但是通透的，而且必要时可悉数拆下成为敞厅。总之，尽可能打通所有能开敞的空间，使穿堂风无所阻挡（图11.20）。另外、檐廊、走道及巷道等组成的交通网络也是气流的通道，特别是滨水聚落垂直于等高线的梯坎步道往往成为山

（a）酉阳县西水河镇河湾村某民居

（b）酉阳县西水河镇河湾村某聚落

图 11.19　背山面水，迎纳主导风向的传统民居与聚落

（a）

（b）

（c）

图 11.20　空间开敞，穿堂通风（潼南区双江古镇杨氏民居）

风、江风的重要通道，有如"风巷""风廊"的作用，与各处的开敞空间融合在一起，使得建筑室内外，甚至聚落与环境间的空气交换与循环变得十分流畅（图11.21）。

（3）采取多种方式加强"抽风换气"功能

重庆地区气流较为稳定，风速小，民居营建过程中除了积极迎纳山谷风、江风之外，还特别注意增强建筑的"抽风换气"功能。如抱厅、气楼一类富有创意的建筑形式，不仅集抽风、采光、防晒、遮雨等多种功能于一身，而且又扩大了室内使用空间，是一种十分成功的处理技法。小口天井和窄长狭巷式天井具有显著的烟囱效应，有很好的抽风作用，所以大型宅院常采用多天井的形制，特别是二三层楼房带楼井的有更佳的抽风效果。有的在屋后与围墙间设扁长小口天井，或仅留1 m左右宽的抽风口；有的建筑类型如一颗印天井院、竹筒式

图11.21　具有"风廊"作用的巷子（开州区温泉古镇）

店宅等都是利用小天井院的这种优越性来解决居住的通风、透气和采光要求。另外，利用楼梯间通风也是一项不错的选择。在没有天井的部分传统民居建筑中，楼梯间是唯一一个可以连通上下两层的空间，可以利用楼梯间的烟囱效应，抽出室内空气，从而达到室内通风换气的目的（图11.22）。

3）防潮除湿排水

主要有以下几点措施：①采用较高台基或较宽阶沿的举措。这样能够有效地防止雨水和地面湿气上蹿，避免木柱和墙壁受潮。②采用架空的木地板隔潮。一般在卧室、书房等主要房间采用，并在基脚石上开凿有排潮气的孔洞。有的民居建筑采用吊脚架空的方式进行防潮。③屋面开设猫耳钻或老虎窗用于通风除湿。④选址时要求房屋的地势中高外低，后高前低，这样能够及时地排出室外雨水。⑤一般宅院都建有较简易的排水系统，如房屋周围的阴沟明渠；而大型宅院的排水系统就很完善，不但在建筑周围有阴沟明渠，而且在庭院中建有完善的阴沟地漏，并连通在一起，接入建筑外围的阴沟明渠，这样能够把庭院中的雨水及时排出。另外，在庭院中大多放置水缸，用于集纳雨水以供消防之用。在院前建有堰塘水池之类，虽名为风水之需，实则多为集纳雨水或生活污水以及供消防之用（图11.23）。

11.2 承重结构及其做法

承重结构，是指直接将本身自重与各种外加作用力系统地传递给基础的主要结构构件和其连接节点。根据重庆民居建筑承重结构所使用主要材料的不同，可将其分为：木结构、生土结构、砌体结构、混合结构等类型。

11.2.1 木结构

巴渝地区大木作将房屋的承重结构体系称作房屋构架或房屋梁架，又称为"列子"或"排列"，其上搁置檩子，正脊处的檩子称为脊檩、正梁或大梁，檩上有椽子，然后铺冷摊瓦或稻草，甚至石板、

树皮等覆盖材料。重庆地区老木匠在修筑房屋时，都保留着一种"丈八八""房不离八"的营造模数制度。即大木作尺寸尾数要压在八寸上，方为吉利。其中最重要的是控制中柱的高度，尺寸尾数必须为八，故中柱全高（从居住面起算至脊檩下皮）可定为一丈六尺八寸，一丈八尺八寸等。一丈八尺八寸是最吉祥的，故有"丈八八"之称。

修房造屋是老百姓一生中极其重要的一件大事。当房屋基本构架搭建完成的时候，就会举行一个隆重的仪式——上梁仪式，就是将木构房屋最重要的"大梁"安放在已经搭建好的构架之上。这里的"大梁"实际上是指堂屋脊檩下方的"挂"，是重点装饰的部位（图11.24）。

重庆木构民居建筑的承重结构体系主要有抬梁式、穿斗式、抬梁-穿斗混合式以及井干式4种类型。其中，抬梁式又叫叠梁式、抬梁式列子、梁架式列子或抬担式列子，穿斗式又叫穿斗式列子或硬列子。

1）抬梁式结构

抬梁式结构的特点是柱上搁置梁头，梁头上搁置檩条，梁上再用矮柱支起较短的梁，如此层叠而上所形成的承重构架，材料均为木材（潘谷西，2004），主要为宫殿、寺庙等大型公共建筑的结构形式，其最大的特点是室内少柱，空间开阔。在民居建筑方面，北方用得比较多，而南方大型合院式民居也常用此种结构，不过有所简化和地方化。

宋《营造法式》中记载的木构架基本类型主要包括"柱梁作、殿阁式、厅堂式以及楼阁式"（潘谷西、何建中，2005）。此后，各朝代在木构架的做法上各有发展，但基本沿袭以上分类方式。明清时

（a）天井抽风换气（开州区中和镇余家大院）　　　　（b）楼梯间抽风换气（石柱县石家乡老房子）

图11.22 利用天井与楼梯间进行抽风换气

（a）厅堂后面的排水沟（潼南区双江古镇杨氏民居）

（b）天井院中的排水沟（巴南区南泉街道彭氏民居）

（c）方形水缸（涪陵区青羊镇陈万宝庄园）

（d）圆形水缸（巴南区南泉街道彭氏民居）

（e）后院中的古井（石柱县石家乡老房子）

（f）排水沟与踏步的完美结合（巫溪县宁厂古镇）

（g）地漏（万州区罗田古镇金黄甲大院）

（h）地板楼下的通风排气孔（黔江区黄溪镇张氏民居）

图11.23　部分防潮除湿排水及消防设施

（a）沙坪坝区冯玉祥旧居

（b）江津区四面山镇会龙庄

（c）江津区塘河古镇廷重祠

图11.24 传统民居中的"大梁"

期，官式建筑主要采用带斗拱的大木大式做法"厅堂式"和无斗拱的大木小式做法"柱梁作"。但是单就木构架与檩、梁、枋本身的结构逻辑关系而言，两者属同一种类型，它们也可以合称为抬梁式。清代重庆地区由于规模、空间尺度等方面的需要，重要殿堂木构架多采用抬梁式，本地称之为抬担式列子或梁架式列子（巴蜀地区将房屋构架称为"列子"或"排列"），但与《营造法式》《清式营造则例》所载抬梁式结构具体做法比较，有着较大的差别和地方性特征。

（1）基本特征

重庆地区抬梁式木结构有自己的特点。一般不用中柱，常在相距五檩的前后金柱或檐柱上横以抬梁（又称架梁、过担或抬担），用来承托上部的檩挂枋欠，通常用于需拓宽空间的厅堂。重要建筑多用五架或七架，而民居一般不超过五架，极少数用七架。架梁下为加强承载力，有时附加随梁枋。其中，七架梁（又称为"一过担"）一般不直接承重；五架梁（又称为"二过担"）两头扣入金柱卯口内，其上置云墩、驼峰或短柱承担三架梁，三架梁（又称为"三过担"）上立中柱（又称为"中爪童"）或云墩、驼峰，其上承担脊檩挂（脊檩和随檩枋的统称）。脊檩常用圆木双料，用料粗壮，下饰彩绘。实际上，重庆地区整栋建筑完全用抬梁式木结构的比较少，一般在建筑的明间、次间用抬梁式，而在山墙用穿斗式结构，这样建筑内部空间就显得比较高大开敞、豪华气派，多用于大型院落式民居的厅堂（图11.25）。

（2）节点设计

在做法上，重庆地区的抬梁式结构一般为"梁插立柱，柱头承檩"，类似于穿斗式做法，而北方的抬梁式为"柱承梁头，梁头承檩"，二者有明显的差异。从受力合理性与结构稳定性来看，重庆做法更为简洁明确，更加优越可靠，这也是抬梁式结构技术地方化的结果。

与官式檩三件做法不同，重庆地区檩与随檩枋（也称为挂）之间并没有檩垫板这个层次，并且它的随檩枋也要贯穿立柱，直接承重，而且檩与挂都用圆料，很少用圆檩方挂，或者方檩方挂。挂的中段向上弯曲，所以它两端入柱的地方，不与圆檩接触，这样可以避免柱头开口过长显得脆弱。同时为了加强柱与檩及随檩枋之间的结构强度，在柱顶端会在檩之两侧生出类似雀替功能作用的小斗拱

作为辅助型支撑，大有汉代"一斗三升"作法遗风，与清代南方民居的做法也比较接近（陈蔚、胡斌，2015）（图11.26）。

另外，在木材选择方面往往根据不同树种木材的性能合理搭配。一般使用质地密实、"宁断不弯"的柏树做柱，用"宁弯不断"的松树做梁、枋等，用质地细腻容易加工的杉树做檩和椽。建筑的木质构件普遍还要通过特殊火烤、水泡等繁杂程序的防腐防潮处理，并以土漆饰面，方能取得很好的防潮防腐效果。

2）穿斗式结构

（1）基本特征

穿斗式又称串逗式，在巴渝地区又称穿斗式列子或硬列子，是一种具有较多较密榫卯拉结、柱枋穿插和立柱的承重结构。其特点是用穿枋把柱子串起来，形成一榀榀房架；檩条直接搁置在柱头，

（a）巴南区南泉街道彭氏民居

（b）江津区塘河古镇廷重祠

（c）江津区塘河古镇石龙门庄园

（d）江津区中山镇朱家大院

图11.25　传统民居中厅堂建筑的抬梁式木结构

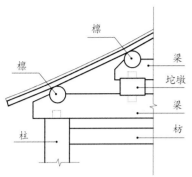

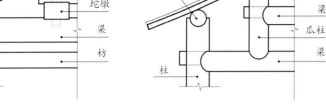

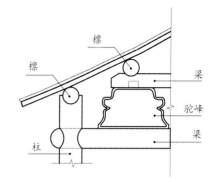

（a）北方抬梁式 　　　　（b）巴蜀抬梁式一 　　　　（c）巴蜀抬梁式二

图 11.26　抬梁式结构：北方与重庆之比较
图片来源：据陈蔚、胡斌（2015）改绘

檩条上再铺设椽子（巴渝地区叫桷子），椽子上再盖瓦；在沿檩条方向，再用斗枋（巴渝地区叫挂欠）把柱子从横向方向上串联起来，由此而形成一个整体框架。穿斗式结构最大的特点就是以增加立柱为手段，通过檩柱的直接承重传力，从而省略部分"梁"，在允许建筑存在少量形变的基础上，以保证建筑的质量安全。由于它在适应山地地形、就地取材等方面具有很强的灵活性和经济性，是重庆地区民居建筑普遍采用的结构形式。为了改善室内空间，同时考虑到节约材料，在"柱柱落地"或称"千柱落地"这种基本形式的基础上，逐步发展出在立柱（落地柱）之间的穿枋上再立小柱（又名瓜柱或骑柱），以承载上面的檩的重量；为了增加屋檐的进深，常常在屋檐挑枋上设短小的小柱，这一结构又称为"耍骑"。总之，重庆地区穿斗式结构形成了"千柱落地""隔柱落地""隔多柱落地"等不同形式，做法丰富灵活，变化多样（图11.27、图11.28）。

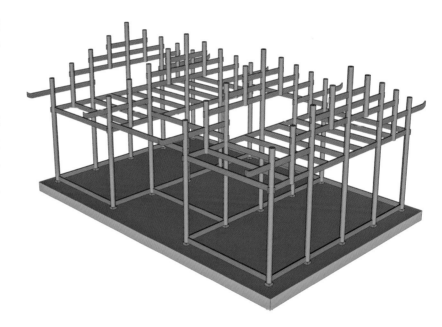

图 11.27　穿斗式结构模型（一）

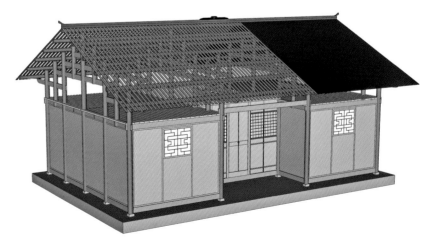

图 11.28　穿斗式结构模型（二）

一般人家正房为三间五架或七架，即三个开间、五檩或七檩；大户人家有用九檩甚至十一檩。用五柱的称"五柱落脚"，用七柱的为"七柱落脚"。若采用九架，其中五柱落地，其余四柱为瓜柱，则称"五柱四"做法，或称"五柱四瓜""五柱四骑"。一榀屋架中立柱和骑柱的数量便确定了建筑进深的大小，如千柱落地、三柱四骑、三柱六骑、四柱六骑、四柱七骑、五柱四骑、五柱六骑等（表11.1、图11.29、图11.30）。在礼制文化下，穿斗式木结构建筑同样体现出一定的等级内涵，一般民居建筑为三柱四骑，而较高等级的建筑则为七柱八骑。

表11.1　穿斗式结构体系一览表

类型	八步架千柱落地 ——千柱落地	八步架千柱落地 ——千柱落地＋挑廊	八步架千柱落地 ——千柱落地＋吊脚
剖面图			
特点	带有阁楼 构架整体尺度比例：D/H=1.4	设有挑廊，带有二层阁楼 构架整体尺度比例：D/H=0.9	设有吊脚，带有阁楼 构架整体尺度比例：D/H=0.9
类型	八步架——三柱四骑（一）	八步架——四柱三骑	八步架——五柱三骑
剖面图			
特点	构架整体尺度比例：D/H=1.5	构架整体尺度比例：D/H=1.4	设有挑廊 构架整体尺度比例：D/H=1.6
类型	九步架——四柱五骑（一）	九步架——四柱五骑（二）	九步架——五柱五骑
剖面图			
特点	两侧通过穿枋出挑，出檐深远 构架整体尺度比例：D/H=1.4	进深较大，通常带阁楼 构架整体尺度比例：D/H=1.5	进深较大，通常带阁楼 构架整体尺度比例：D/H=1.4

续表

类型	十步架——三柱六骑（一）	十步架——五柱四骑	十步架——三柱六骑（二）
剖面图			
特点	设有挑廊，且带阁楼多用于厢房 构架整体尺度比例：$D/H=1.4$	进深较大，通常带阁楼 构架整体尺度比例：$D/H=1.5$	前檐深远，进深较大 构架整体尺度比例：$D/H=1.7$
类型	十步架——三柱六骑（三）	十一步架——四柱六骑	十一步架——三柱七骑
剖面图			
特点	前后檐均深远，可带阁楼 构架整体尺度比例：$D/H=1.2$	前檐深远，可带阁楼 构架整体尺度比例：$D/H=1.7$	前后檐深远，前檐带挑廊 构架整体尺度比例：$D/H=1.4$
类型	十二步架——四柱七骑	十二步架——五柱六骑（一）	十二步架——五柱六骑（二）
剖面图			
特点	前檐深远，进深较大 构架整体尺度比例：$D/H=1.7$	前檐深远，进深较大 构架整体尺度比例：$D/H=1.7$	带吊脚，有挑廊 构架整体尺度比例：$D/H=1.6$

资料来源：重庆市规划局、重庆大学，2010.

穿斗构架的主要构成要素有柱、穿枋、欠子、檩挂、连磉以及地脚枋等。柱和穿枋形成进深的排架，檩、挂和欠子是在面阔方向上联系各排架的构件，使得各排架相互穿连拉靠，形成一个整体框架（图11.31）。

（2）主要构成

①柱

分为落地柱和非落地柱两种，非落地柱又称为骑柱或瓜柱。一般情况下，重庆地区的穿斗式木构架的柱包括：檐柱、金柱、中柱和骑柱，柱放置在柱础之上，柱础又叫磉墩。落地柱比非落地柱的直径要大，落地柱直径一般为20~25 cm，而非落地柱的直径一般在20 cm左右，民居建筑的檩间距为90~120 cm，重要殿堂建筑的檩间距为120~135 cm，相比于北方抬梁式构架，穿斗构架的柱子形体纤细，细长比可达1：30以上。

②穿枋

穿枋，简称"穿"，是在进深方向上联系柱子的重要构件。穿枋穿过柱子，把柱子连接成一排架子，作为承重的屋架。穿枋的多少视屋架的大小而定，常见"三檩三柱一穿，五檩五柱二穿，十一檩十一柱五穿"等不同构架。根据檩柱的数量而定，也便于装木板壁或竹编夹泥墙，也可出檐变为挑枋承托檐端。穿枋有穿连全部柱子的，也有只穿连大部或小部分柱子的。考虑到榫卯切口不宜损害柱子的整体刚度，穿枋的断面高而窄，一般的尺寸为高15~20 cm，厚3~7 cm。柱枋之间安装轻薄的木镶板墙或竹编夹泥墙。

（a）十一柱落地（石柱县西沱古镇）

（b）七柱七骑（潼南区双江古镇杨氏民居）

（c）五柱六骑（秀山县清溪场镇大寨村）

（d）五柱四骑（秀山县清溪场镇大寨村）

（e）七柱二骑（涪陵区蔺市古镇）

（f）四柱五骑（秀山县清溪场镇大寨村）

图 11.29　穿斗式木结构体系实例

图 11.30 穿斗式结构之美（酉阳县苍岭镇石泉苗寨）

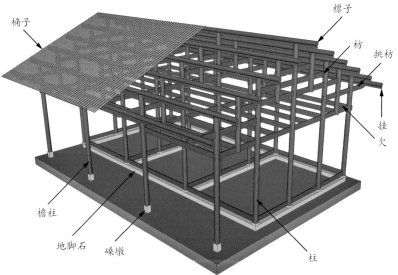

（a）数字模型

（b）剖面图

图 11.31 穿斗式结构构成要素

一般地，在重庆地区，穿斗式结构从下至上的穿枋有：地脚枋、头穿（下一穿）、挑枋、上二穿、上三穿、顶穿等。地脚枋一般置于承载柱脚的条石基础上，这些条石称为连磉（石）或基脚石。地脚枋是设置在本构架柱之间的，而在构架之间的前后檐柱下（有的在金柱）设置的应叫地欠，这样地脚枋与前后檐柱间的地欠一起，形成了如同地圈梁一样的结构，可进一步加强全部构架的整体性。

③欠子

欠子又叫挂欠、枋子，是在面阔方向起牵连作用的构件，视具体情况可设置多道。它和穿枋一起，起着拉连穿斗列子的作用，使穿斗构架更为稳固。欠子有天欠、楼欠、地欠之分。天欠用在柱的上端；楼欠用在柱的中端，以承载设置阁楼时的楼板之用，又可称为楼栿或楼枕；地欠可作为地楼板承重之用。

④檩挂

檩和挂（挂又称随檩枋或大梁）往往平行而且贴在一起，民间俗称"双檩"，檩子的主要作用是承桷子，挂则是起稳固穿斗列子的作用。但部分民居挂的中段向上弯曲，与檩接触，承载部分屋顶自重，所以它两端入柱的地方，不与檩接触，这样可以避免柱头开口过长显得脆弱，而且檩与挂大都用圆料。

3）抬梁-穿斗混合式结构

在重庆许多大型的合院式民居建筑中，常常把抬梁式与穿斗式有机地结合起来，充分发挥二者的优势和技术特点，成为抬梁-穿斗混合式木结构,是重庆大型合院民居中使用最为普遍的一种结构形式。不管柱梁交接还是横向榫卯关系,均具有穿斗特征,已改用大梁联系前后柱,省去很多柱子,同时大梁上再抬上部梁架,具体做法有3种:一是根据建筑形式及功能需要,将两种构架形式在同一建筑的不同屋架上使用;二是在同一屋架的不同部位组合使用;三是前两者的混合使用。

第一种做法:抬梁式木构架用在厅堂的明、次间,能提供宽敞的空间,以满足观演、会客、祭祀等活动的功能需求;而穿斗式木构架用于山墙位置,便于发挥其优势特长,以增加建筑的整体刚度(图11.32)。

第二种做法:既满足了空间需要又节省了材料,例如为了避免中柱落地,常在相距五檩的前后金柱间设置"抬梁式",用来承托上部的檩及短柱,所谓"堂屋有中柱,厅房无中柱"正是这种写照。而前廊和后廊仍用挑枋连接檐柱和金柱。这种做法还有利于挑枋直接出挑支承挑檐檩,加强檐部出挑力度,使出檐尺寸可达1 m以上。该做法的综合优势是显而易见的,它既具有空间开敞、室内少柱、结构整体性好、承载力强的优点,又具备用材、用工经济,制度灵活的特点,同时它适宜于重庆地区木材的材料特性、施工环境以及工匠的建造习惯,是一种非常成熟的技术(图11.33)。

第三种做法是第一种与第二种做法的混合,即在一幢建筑中,正殿为抬梁–穿斗混合式,山墙用穿斗式,如巴南区丰盛古镇十全堂(图11.34);或者正殿为抬梁式,而山墙用抬梁–穿斗混合式。

还有一种也可以被称为"混合式"屋架的做法,就是出现在清代后期的"砖木混合承重式"。随着清代中期以后木材的匮乏,制砖技术的进一步

(a)铜梁区安居古镇城隍庙

(b)铜梁区安居古镇妈祖庙

(c)潼南区双江古镇杨氏民居

(d)合川区涞滩古镇二佛寺下殿

图11.32 第一种做法:两种结构在同一建筑的不同屋架上使用

成熟，砖石墙体开始在本地区普及，由柱间填充维护材料向承重墙方向发展，出现了砖木混合承重的做法。有的中间采用木梁架，两山木构架直接被砖墙体代替（图11.35），有的后墙直接承重，省去后檐柱。

除此之外，与《营造法式》中的木构架类型比较，重庆地区木梁架的组织方式自由灵活，变化多样，几乎没有固定模式。还出现了同榀屋架步架宽窄不统一的做法，与闽、粤地区的"步步进"做法比较接近，即愈近脊檩处步架愈小。

（a）万州区长岭镇良公祠

（b）江津区四面山镇会龙庄

（c）荣昌区路孔古镇禹王宫

（d）秀山县梅江镇两路村涂家大院

图 11.33　第二种做法：同一屋架的不同部位组合使用

图 11.34　第三种做法：正殿为抬梁－穿斗混合式，山墙用穿斗式（巴南区丰盛古镇十全堂）

图 11.35　砖木石混合式承重结构（忠县老官庙）

4）井干式结构

井干式结构民居是用圆形、方形或六边形木料平行向上层层堆砌而成，在重叠木料的每端各挖出一个能上托另一木料的沟槽，纵横交错堆叠成井框状的空间，故名"井干"式。以"垒木为室"构成的井干式民居，其相互交错叠置的圆木壁体（也有半圆或木板状），既是房屋的承重结构，也是房屋的围护结构，其空间上呈现的封闭性特征与洞穴有着某种文化上的渊源关系。井干式结构的木墙体与屋面支撑构架彼此独立，其简洁的建筑形体与构造，适用于在不同坡地上建造。由于井干壁体所围合的空间具有良好的保温性能，且房屋建造需要的木材用量很多，因此，井干式民居建筑主要分布在我国的横断山区、西北的阿尔泰山、东北大小兴安岭和长白山等山地区域。居住的少数民族主要有纳西族、普米族、怒族、独龙族、藏族、彝族、白族、傈僳族等。在云南，很多少数民族用井干式木结构建造的房屋，当地俗称为"木楞房"。

目前，在深居大巴山腹地的城口县高楠镇方斗村发现了井干式结构的传统民居，这是重庆市现存的唯一井干式民居，当地又称为"垛木房"，其形体简洁粗放，具有非常重要的历史文化与学术价值（图11.36）。

（a）民居（一）

（b）民居（二）

（c）细部

图11.36　井干式结构（城口县高楠镇方斗村）

11.2.2 生土结构

生土结构建筑是指主要用未焙烧且仅作简单加工的原状土为材料营造主体结构的建筑，具有冬暖夏凉的优点，分布十分广泛，几乎遍及全球。最早始于人工凿穴，具有悠久的历史，从古代留存的烽火台、墓葬和古城遗址等，可以看到古人用生土营造建筑物的情况。生土建筑是人类从原始进入文明的最具有代表性的物化特征之一，是中华民族历史文明的佐证与瑰宝，也是祖先留给我们丰富遗产中一个重要的内容。生土建筑发源于我国黄土高原地区，该地区干燥少雨，丰富的黄土层成为华夏文明初期的天然建筑材料。生土建筑结构体系大概经历了掩土结构体系（如窑洞民居）、夯、垒土结构体系及土坯结构体系三个阶段。重庆地处亚热带，高温多雨，土壤粘化较重，生土材料丰富，从而形成了夯土版筑和土坯砖砌两大生土结构体系。

1）夯土版筑结构

夯土版筑结构是以夯土墙为承重主体的结构形式（图11.37）。夯土墙又称为版筑墙、桩土墙，即用模型板以土夯筑而成，这种方法称为"干垒法"。土分3类：一类是鹅卵石、沙土、石灰、黏土；另一类是沙土、石灰；还有一类是沙土、碎砖、瓦渣。为加强连接的整体性，每版之中加铺助的竹筋或木骨。

在我国，夯土墙技术历史非常悠久，早在商周时期已经有版筑城墙的记载。重庆地区夯筑土墙的工具主要为木夹板，其他还有墙杵、撮箕、铲子等，材料一般采用黏土或灰土（土与石灰的比例为6∶4），某些地区夯土墙也有采用石灰、沙子、黏土、鹅卵石等混合而成的三合土来夯筑，密布的鹅卵石可以有效地增加墙体负载能力。夯土墙在夯筑过程中通常要加入竹筋或木骨进行加固，竹筋可以平行放置，也可以做成八字筋的形式，相互套

图 11.37 夯土版筑结构（涪陵区大顺乡某民居）

接，在每版夯土墙中平列竹筋三层，每层铺竹筋两道或八字筋两个。夯筑时，每版长度约2 m，高度不超过40 cm，要分三次夯筑完成，每次夯筑完成之后在上面放置一层竹筋。上下夯版要错缝布置，而且要等下层干透后方能夯筑上层。夯土墙的厚度一般在40 cm左右，底部通常为条石基础，以避免潮气侵蚀。为了防止风雨的侵蚀，夯土墙的外侧可以用草泥或白灰抹面，面层厚度可达5 mm。

2）土坯砖砌结构

从夯土墙到砌筑的土坯墙，是建筑材料的一大革新，可以说，它为砖的出现作了准备。土坯最早出现在汉代，当时称为土墼。重庆地区用于砌筑墙体的土坯砖采用的是自然的水湿坯，具体做法是选择平坦潮湿的田地，用铁锹挖出土坯块。制作土坯前要预先保养坯地，就是在稻田里把水放干之后保留稻根，待泥土到半干时，用石碾压实压平，其中的稻根成为天然的骨材，然后用铲刀按土坯的尺寸划分若干小块（通常比普通的烧制砖略大），再

用铲刀挖起，将土坯翻出后晒干，并将土块移至屋檐下放置，待到次年完全干燥后方可使用。土坯砖筑墙的技术要求较之夯土墙要低，而且也更为灵活，通过不同的砌筑方法可以砌出不同形式的墙体。土坯墙在砌筑时以泥浆作为胶黏剂，有的还要在泥浆层中加入草筋，以提高墙体的强度。土坯墙的墙面一般也要用灰泥抹面，以防止雨水的侵蚀。土坯制作时内掺稻草、头发丝之类，可防开裂并增加强度（图11.38）。

由于是手工制作，用处各异，所以品类较多，规格上参差不齐。另外，生土结构怕水，不耐冲淋，所以土墙体下一般都用砖石作墙基。同时砖石周围也特别注意排水，由于土墙自身较重，不便开较大的窗洞，所以整体比较封闭，一些建筑下半段墙体采用生土墙结构，与屋面相接的上半段则采用穿斗结构，便于开窗通风，以形成底部厚重敦实、顶部轻巧灵动的建筑风格特征。

生土结构的优点是：容易就地取材；具有较好

图11.38　土坯砖砌结构（石柱县悦崃镇新城村某民居）

的耐火性和耐久性；具有较好的隔热、保温效果，冬暖夏凉；当建筑寿命到了的时候，生土结构材料可以完美地回归大自然，可以说是一种能循环使用的生态建筑材料。其缺点是：材料用料多，自重大；抗震性能较差；不耐雨水冲刷。

总之，生土结构大多既是承重结构，又是围护结构，同时又是多种材料混合使用。

11.2.3 砌体结构

用砖、石或其他砌块建造的结构，通称为砌体结构（图11.39、图11.40）。由于砌体的抗压强度较高而抗拉强度很低，因此，砌体结构构件主要承受轴心或小偏心压力，而很少受拉或受弯，一般建筑的墙、柱和基础都可采用砌体结构。若砌体作为承重结构，往往它又是房屋的围护结构。在抬梁式、穿斗式、抬梁-穿斗混合式等框架结构中，常用砌体作围护结构。

砌体结构是最古老的建筑结构之一，具有悠久的历史。其优点是：容易就地取材；具有较好的耐火性和耐久性；砌筑时不需要模板和特殊的施工设备，可以节省木材；具有较好的隔热、保温效果。其缺点是：材料用料多，自重大；抗震性能差。在重庆地区砌体结构主要包括砖砌体结构和石砌体结构。

11.2.4 混合结构

混合结构是指承重的主要构件是由两种或两种以上材料建造的。根据我国传统民居的现状与特点，使用的承重材料主要有木材、石料、生土与砖等，因此，混合结构一般有土木结构、砖木结构、石木结构、土石结构、砖石结构、砖土结构、砖土木结构、砖石木结构、石土木结构甚至砖石土木结构等多种类型。其中，重庆地区最常见的是土木结

（a）片石砌筑（城口县高楠镇方斗村）

（b）乱石砌筑（武隆区沧沟乡）

（c）毛石砌筑（合川区三汇镇响水村）

（d）条石砌筑（忠县复兴镇水口村）

图 11.39 石砌结构

构、砖木结构、石木结构、土石结构、砖石结构、砖石木结构、土木石结构等混合结构（图11.41）。

　　木材容易被雨水腐蚀或被虫蚁侵蚀，以木材作主体结构的房屋使用年限有限，而石材与砖的稳固性高，抗腐蚀性好；生土容易就地取材，经济实惠，冬暖夏凉。因此木材与土、砖、石混合使用，共同承重，形成了土木、砖木、石木、砖石木等混合结构。这些结构形式在一些山区丘陵地区采用较多，即把木穿斗架与土墙、石墙或砖墙承重相结合。特别是带前檐廊的农宅，常常是室内为土墙、砖墙或石墙结构，檐廊部分为穿斗结构。还有的房屋中间为穿斗架，二山为土墙、砖墙或石墙，并与后檐的维护土石墙连接在一起，这些都是一些经济简约的结构做法。有的木构同封火山墙相结合，有的吊脚楼以砖柱代替木柱承重，也是一种混合结构。

或用长条的方形石柱代替木柱，是较为讲究的高规格做法。在后期砖木混合结构采用越来越普遍，形式也各有变化。有的民居下部为石基石墙，以利防水，上部为土墙，其上直接搁置檩条，形成了土石结构。

11.3 围护结构及其做法

　　围护结构是指围合建筑空间四周的墙体、门、窗等构件，能够抵御不利环境的影响。根据重庆民居建筑的材料与结构特点，可将其围护结构分为竹编夹泥墙、石墙、土墙、砖墙、木墙等5种类型。

11.3.1　竹编夹泥墙

　　竹编夹泥墙的使用历史非常悠久，在重庆地区出土的汉代画像砖中穿斗屋架之间的墙体已经可

（a）合川区东津沱黄继浦庄园碉楼

图11.40　砖砌结构

（b）沙坪坝区凤凰镇陈氏洋房

（c）江津区塘河古镇石龙门庄园

以推断采用了类似夹骨泥墙的做法。这种墙体又被简称为"夹壁墙",由于主要材料——竹子、草筋及黏土等不仅容易获得,造价低廉,施工简易,而且轻薄的墙体具有良好的透气效果,很好地适应了本地温暖潮湿的环境,所以竹编夹壁墙的做法,被各种类型的建筑采用,尤其在穿斗式民居建筑中使用最为普遍(图11.42)。

其具体做法是在每榀穿斗屋架柱枋之间放置编好的1~2层竹篾网作为壁体的承力骨架,竹篾卡在周围的枋或柱子上,然后在壁体内外糊上黄泥

(a)土木石混合结构(合川区燕窝镇颜家沟碉楼)

(b)砖土混合结构(涪陵区大顺乡)

(c)砖石混合结构(忠县复兴镇水口村)

(d)石木混合结构(丰都县董家镇杜宜清庄园)

图11.41 混合结构

(a)潼南区上和镇某民居

(b)石柱县西沱古镇某民居

图11.42 白石灰罩面的竹编夹泥墙

浆，泥里拌入草筋、谷壳、发丝、糯米等作拉结纤维，它们与竹篾网结合在一起，形成整体。等泥巴稍干后，抹平磨光，反复操作多次，使墙体达到一定的厚度和坚实度。清代中后期，喜欢在黄泥表面再用白石灰罩面、压光，以保护墙体。这样，整个墙体厚一寸多。此外，当夹壁墙用于山墙时，还常用木条作镶边，一则可以起加固作用，二则可取得一定的装饰效果。在某些民居中也可以看到更简单的竹编夹泥墙做法，即不施泥浆的竹编墙，其透气、透光性更好，同时又具有墙的围合作用。由于竹编夹壁墙不耐潮湿，有些讲究的房屋会在容易被雨水溅湿的墙裙部位采用砖石材料砌筑或施木板壁，这样，竹编夹壁墙作为墙体的上半段与其他材料共同组成墙身，赋有某种肌理与韵味（图11.43）。

11.3.2 石墙

石墙就是用石材砌筑的一种围护结构。重庆山区多石，根据形态和加工方式的不同有毛石、卵石、条石、片石等。石材质地坚硬，抗压耐磨，且有防潮和防渗的特点，所以本地通常将石材用于有耐磨、防潮需求的特殊部位，如铺地、基础、墙裙、台阶、柱础等，有些建筑还以石柱代替木柱，使整体结构更为经久耐用。在石材较多的地方，传统民居在营建过程中也将各种石料作为一种重要的建筑材料，砌筑各式各样的石墙。一般地，石墙大多既是围护结构，又是承重结构。根据砌筑方式及石材材质的不同，可分为条石墙、毛石墙、乱石墙、卵石墙、片石墙、石板墙6种类型。

1）条石墙

重庆把条石称为"连二石"。分小连二和大连二。小连二约60 cm×30 cm×30 cm，大连二约80 cm×30 cm×30 cm，当然还有更大的，长有2~3 m，这种用条石砌筑的墙有干砌和灰浆湿砌两种做法。石材表面进行精加工，錾出整齐的各式纹路，四周踢平线角，是比较美观的做法。条石墙最为考究，石料加工较为精准，多修整为统一截面的

图11.43　上部为竹编夹泥墙（泥浆已被冲刷掉），下部为板壁墙（江津区塘河古镇）

矩形条石，长短不一，通常为错缝干砌，开窗洞则多用长条石作为过梁（图11.44）。

砌、搭插等技术干砌而成（图11.45）。

2）毛石墙

毛石墙主要是指利用未加工或初加工的条石砌筑而成，即利用石材天然的形状通过垫托、咬

3）乱石墙

用形状不规则、大小不一的石块砌筑的墙叫乱石墙或溜子墙，可以勾缝，使石块形状凸显，也可以做缝出线脚如虎皮纹，因此也把乱石墙称作虎皮

（a）忠县花桥镇东岩古寨

（b）丰都县董家镇杜宜清庄园八字朝门

（c）合川区清平镇新木湾碉楼大门

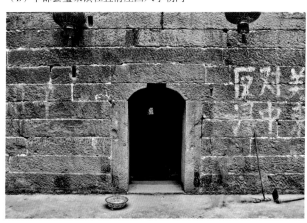

（d）石柱县石家乡姚家院子碉楼大门

图11.44 条石墙

（a）

（b）

图11.45 毛石墙（合川区三汇镇响水村）

墙。厚度50～60 cm不等，视高度而定，通常用石灰浆灌砌，开窗洞时多需借助木制过梁（图11.46）。

4）卵石墙

卵石墙是用河边的鹅卵石（重庆话叫"河石宝"）砌筑而成的，可干砌，也可湿砌。卵石的规格要统一，通常底部的卵石较大，上部的较小。这种墙有特别的艺术感染力，但要保证结实而又美观要有相当的技术水准（图11.47）。

5）石板墙

除了砌筑墙体，也有将石块加工成薄石板直接竖置作为墙体的，这种墙体通常与木梁架或石柱相结合，位于墙体的下半段。

6）片石墙

该种类型的墙主要是用大小不一的片石按水平方向砌筑而成的，从侧面看，纹路比较细腻，很

有肌理感（图11.48）。

11.3.3 土墙

在重庆地区土墙主要有两种，即夯土墙和土坯墙。一般地，土墙既是围护结构，又是承重结构（图11.49）。详见本章"生土结构"一节。

11.3.4 砖墙

重庆传统民居中使用的砖为青砖，呈青灰色，砖的尺寸变化较大，一般约3×6×9（寸）或2×4×8（寸），常用作山墙、封火墙、前后檐墙或金柱墙、腰墙以及围墙等。墙体一般分为"墙基，墙身，墙檐"三部分。墙基多用青条石砌筑而成，墙基高度依照地形条件而变化，一般在300～1000 mm。墙身的砌筑方式有实砌墙和空斗

（a）万盛经开区南桐镇王家坝村

图11.46　乱石墙

（b）巫溪县宁厂古镇

（c）潼南区双江镇长滩子村

图 11.47 卵石墙（巫山县龙溪古镇）

图 11.48 片石墙（城口县高楠镇方斗村）

（a）石柱县鱼池镇

（b）巫山县龙溪古镇

图 11.49 土坯墙

墙两种类型。实砌墙有"全丁、全顺、一顺一丁、两平一侧、三丁一顺"等。空斗墙，也叫斗子墙，其使用的砖，本地人称为"盒子砖"，它是由南方移民带来的，与重庆本地的土坯砖相比，盒子砖用黏土烧制，呈青灰色，其强度、耐磨性、耐火性能等方面都较土坯砖大为提高。此砖的长宽虽与重庆本地土坯砖差不多，但是厚度却薄了近一半，其规格尺寸约在200 mm×140 mm×25 mm、240 mm×115 mm×53 mm、240 mm×160 mm×30 mm。不同地区、不同时期也不完全统一，这也反映出技术引进过程中的变化。空斗墙的基本做法通常为将砖竖砌成盒斗状，中间空心，用碎砖石或黏土填充。具体砌法有多种，包括高矮斗、马槽斗、盒盒斗、交互斗等（图11.50～图11.52）。

墙檐是砖墙中特别是封火山墙细节处理最讲究的地方。首先，封火山墙墙体与墙檐的接合部一

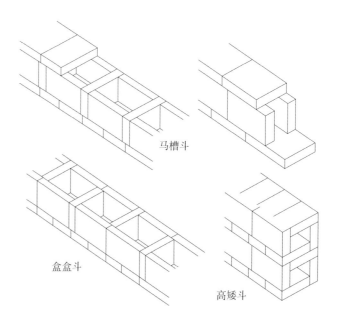

图 11.50 空斗墙砌法

般会使用弥缝抹灰，做出宽300~400mm光滑的白色横条带，讲究的还做成彩绘装饰，题材多以祥禽瑞鸟、富贵花饰和传统的图案符号为主。为形成墙檐出挑，一般采用砖叠涩挑出的方法，其形式有"叠直檐、半混檐、棱角檐"等多种，上覆以小青瓦

或者筒瓦（详见第9章"封火山墙式屋顶"一节）。

封火山墙墀头的做法大致分为一次出挑和两次出挑。出挑的做法也有两种方式：一种为用砖出挑，出挑长度一般不超过一块砖的长度；另一种为用木板出挑，将木板砌筑在出挑的墙体下面，大部

（a）酉阳县龙潭古镇　　　（b）江津区塘河古镇石龙门庄园

图11.51　高矮斗空斗墙砌法实例

图11.52　交互斗空斗墙砌法实例（黔江区阿蓬江镇草圭堂）

（a）

（b）

图11.53　封火山墙与木构架的立贴式做法（黔江区阿蓬江镇草圭堂）

分埋于墙内, 小部分出挑支承上部墙体。木板与墙等宽, 也可选窄条, 不外露出来, 出挑的距离较大。出挑时可平挑或斜挑, 斜挑墙面还可磨成弧形。

封火山墙脊头的做法: 可在墙脊端头砌一块凿成斜角的砖或是直接砌筑一块带花边的青砖, 稍微出挑一点; 或是在脊头处用瓦或砖垫高, 其上砌竖立小青瓦成各种纹样, 向上高高翘起; 还有泥塑的脊头, 泥塑的题材很多, 有花草类, 也有游龙、飞凤及其他吉祥物。一般都是藏入铁丝为骨, 层层加厚灰泥而成。铁丝直径大小不一, 通常3.3~10 mm, 骨架之下还伸出一段支脚, 以便插入脊顶之内, 有效固定。

由于空心砖墙的整体承载能力较差, 高大的封火山墙与主要木构件采用脱离的立贴式做法, 封火山墙主要作为外围护墙体, 不承重 (图11.53)。为了稳固墙身, 在封火山墙和建筑木梁架结构之间产生了一个特殊构件——蚂蟥攀, 又称蚂蟥钉。这种稳定墙身的办法是在墙身上部用铁栓、蚂蟥攀分别攀贴在墙上, 穿进墙内拉接在贴墙的木构架上, 使高大的山墙与木骨架紧密相连, 起到木构架稳定墙身的良好效果。视不同情况, 一柱子上采用1或2个拉固构件。该构件多为铁质, 也有木制的 (图11.54)。

11.3.5　木墙

木墙一般包括原木或半原木墙, 以及木板壁墙两种。原木或半原木墙多为粗加工, 它既属于井干式民居的承重结构, 又属于其围护结构 (图11.36)。而木板壁墙又称板壁墙或木镶板墙, 比竹编夹泥墙更为考究, 成本也较高, 但寿命长, 显得高档。其具体做法是木柱或木立枋与穿枋形成框架, 作为骨架, 然后将加工好的木板镶嵌在框内, 木板的厚度一般为30 mm, 比较考究的做法会在木板相接处做榫口, 使得木板的连接更为紧密。为了保护木板不受侵蚀, 通常在木板表面作多遍油饰 (图11.55)。

11.4　屋顶结构及其做法

11.4.1　屋顶组合交接方式

重庆民居的屋顶视觉效果极其丰富, 成为独具魅力与特色的第五立面。屋顶自身的形式变化多样, 随地形变化而起伏扭转, 并且屋顶之间的组合方式也是极为丰富的, 主要有9种组合方式: 平齐、趴、骑、穿、迭、勾、错、扭、围。详见第9章。

11.4.2　屋面坡度地方做法

举屋之法, 在《考工记》中就有"茸屋三分, 瓦屋四分"的记载。因各个地区的降水量、风速等气候条件差异较大, 以及屋面材料排水性能、建筑进深大小、人们的审美观念等都有一定程度的差异, 各个朝代都会根据这些差异对屋面举折的具体方

（a）云阳县南溪镇郭家大院

图11.54　蚂蟥攀

（b）酉阳县后溪古镇白氏宗祠

（a）武隆区浩口乡田家寨

（b）涪陵区大顺乡大田村王家湾民居

（c）城口县高楠镇方斗村

（d）武隆区土地乡犀牛古寨

图 11.55　木板壁墙与原木墙

式和屋面坡度进行调整。宋《营造法式》和清《工程做法则例》中都有关于"举折"的规定。总体来讲，明清以后屋面举高数值增大，建筑坡度陡增。除此之外，各个地区还有其他确定屋面坡度的方式。根据所获得的数据并结合民间建造经验，重庆地区传统民居建筑屋面坡度的确立主要有以下两种方式（陈蔚、胡斌，2015）。

1）无"举折"的做法

重庆地区传统民居建筑屋面大多为一直斜面，很少进行"举折"，一般把这斜面的坡度叫作"几分水"。如果是一分水，就是建筑的檐檩到脊檩的水平距离每十尺举高一尺，如果举高四尺就是四分水，如果举高五尺就是五分水，以此类推。重庆地区民居屋面坡度多在四分水（坡度约22°）和五分水（坡度约27°）之间。这种做法使屋面成一直斜面，而不是按照举折之制出现的折线以及屋面的

"反宇向阳"，但是这种做法施工简单，排水效果好，非常实用（图11.56）。

一般正房前檐柱较后檐柱高2~3寸，或是前檐步架较后檐步架略微缩短；另外将两山的屋架较中间的屋架升高2寸多，使屋脊呈两头升起的曲线；以东为上，房屋右山的高度不能超过左山的高度，右耳房的高度不能超过左耳房的高度，所谓"青龙直可高万丈，莫使白虎能抬头"的禁忌做法。

2）有"举折"的做法

在重庆，地方工匠中还一直沿用着一种简化的举折技术，称为"折水"。它是重庆地方工匠对比较繁复的"折屋"之法的简化。根据屋面坡度的不同分为"对半水""六折水""七折水"等，有时为加大屋面陡峻程度，还在此法上另用"提脊"的方式（图11.57）。

以进深八架椽为例，对半水的做法是：檐檩与

（a）涪陵区蔺市古镇

（b）酉阳县泔溪镇大板村

（c）涪陵区青羊镇陈万宝庄园

（d）酉阳县龚滩古镇

图 11.56 无举折小青瓦屋顶

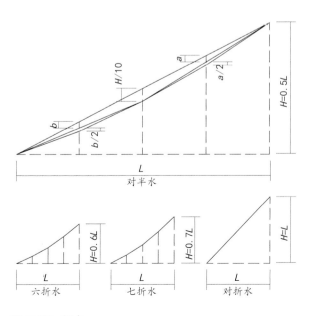

图 11.57 折水

脊檩之间的水平心间距为 L，步架均分，定脊檩举高为 $H=1/2L$；檐檩与脊檩上皮之间连直线，中金檩上皮高则折下 $H/10$；檐檩、脊檩与已定位的中金檩上皮各连直线，可以算出上金檩和下金檩各折下距离 a 和 b，然后各加折 $a/2$、$b/2$。其所得屋面折线与按宋《营造法式》折屋之制所得折线相比，大致相同。在实际情况中，上金檩与下金檩折数可以调整，只要做出屋面折曲效果即可，一般是下金檩加大折数，使檐口平缓舒展。六折水与七折水是脊檩举高为 $0.6L$、$0.7L$，各檩折数做法同对半水，其中七折水屋面折线与用《营造法式》所获折线非常接近，这两种折屋面方式可能是由对半水演化而来的，以对明清屋面变陡规律的适应。对折水是举高与 L 相同，常用于攒尖顶建筑，如钟鼓楼。"提脊"则是在"折水"的基础上将正脊提高，以加大屋面的坡

图 11.58　潼南区上和镇独柏寺正殿屋顶

度，提高的尺寸视具体情况而定。在清《工程做法则例》中有"实举""加举""缩举"之说，允许针对具体情况有所增减。在重庆地区，屋面举折的做法大多用在祠堂会馆、宫观寺庙等大型建筑上，例如潼南区元代建筑独柏寺正殿，具有明显的"反宇向阳"特征（图11.58）。

11.4.3　基于材料的屋面做法

1）瓦屋面

重庆地区，建筑屋面做法迥异于北方地区，民居中常见"冷摊瓦"做法，主要特征是，无木望板和苦背层，直接将仰瓦放置于椽条（又称桷子）上，将盖瓦铺在两仰瓦的缝隙上。究其原因，除了经济成本和施工维修便利等方面的考虑之外，更重要的是这种做法适应了重庆地区潮湿闷热、多雨少风的气候特点，有利于建筑散热与通风，由于椽条上没有望板和苦背的阻挡，再加上室内多采用彻上露明造，瓦与瓦之间的结合部有许多气孔，且分布均匀，因此就将室内大量热气从这些气孔之中排出，形成一个气流的对流循环，对于建筑的通风、除湿、避热都很有好处。同时这种构造减轻了建筑尤其是屋顶部分的重量，与小巧的穿斗构架结构和轻薄的墙面做法结合起来，既减轻了结构的压力，也使建筑风格轻巧自然（图11.59）。这种做法应该最迟于宋代就已在南方地区产生了。

与普通民居较简单的做法相比，公共建筑中瓦屋面的构造做法比较考究。工匠会在桷子上先铺一层小青瓦底瓦（又称"望瓦"），底瓦相互对接而不搭接，用石灰砌缝，铺成一个平整的底面，兼作望板，这一点与闽粤地区的做法类似，但是未见闽粤地区采用满铺桷椽，兼作望板的做法。瓦底部或者保持素色或者施以白灰，从室内仰望屋顶，十分平整素雅，衬托出屋架结构之美（图11.60）。在底瓦之上，顺沟铺仰瓦，"搭七露三"是普遍做法（有的"压六露四"，可节约用瓦量），其上覆以小青瓦或者素筒瓦；少数地方也可见到类似琉璃瓦"剪边"做法，板瓦屋面，筒瓦作边。

除了寺庙、道观等少数建筑有琉璃瓦做法之外（图11.61），祠庙会馆类建筑特别是其中的戏楼屋顶多用素筒瓦做盖瓦，其方法是在椽上先置底瓦，然后在底瓦上铺仰瓦。瓦垄上用灰泥铺筒瓦，这样瓦垄与椽数一致，并且在檐端椽头上钉封檐板，宽大整齐，不露椽头，这是地道的南方做法。重庆地区戏楼建筑几乎全用这种较为正式的形制。此外，瓦顶在檐口处的收头处理也体现了官式建筑和地方民居做法的双重影响。筒瓦屋面的收头有两种：一种是比较正式的"有勾滴"，即有筒瓦勾头和瓦板滴水，勾头、滴水还装饰有各种吉祥图案和文字（图11.62）；另一种是"有滴无勾"，即有滴水而无瓦当的做法，只是将檐口出筒瓦的端头用白灰堵上，刷上油彩。"有滴无勾"是典型的重庆地方做法，俗称"火圈子（火连圈）"。小青瓦屋面基本上是民居才采用，它的收头有两种：一种是有完整的小青瓦勾滴，同样施以装饰（图11.63）；另一种是将檐口盖瓦稍稍扬起，下面填充一块楔形白灰泥与盖瓦结合，外端面在盖瓦沿抹成扇形，素雅大方，

图 11.59 具有透气功能的"冷摊瓦"屋面（酉阳县苍岭镇石泉苗寨）

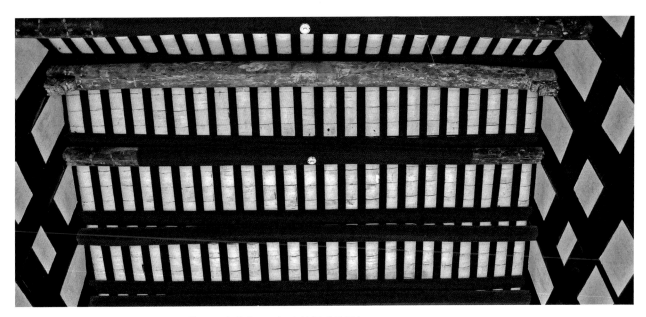

图 11.60 具有"望瓦"的"冷摊瓦"屋面（潼南区双江古镇杨氏民居）

此种做法可称为"白灰座檐口"（图11.64）。

另外，值得关注的还有建筑屋面排水的处理。普通民居双坡顶基本采用自然无组织排水，屋顶组合复杂的大中型建筑，出现了有组织的排水方式。一种是通过有效的屋顶组织把雨水汇聚于地面庭院之中，再通过暗沟明渠排出建筑；另一种是通过天沟排水，组合屋顶中对于无法自然排出的雨水，在天沟两端设置垂直排水陶管，管子接入地下排水系统，排出建筑。在高大封火山墙与屋顶交接的位置一般并不设置天沟排水，而是在山墙上墙体与瓦沟相接处凿开一排排水洞，使瓦沟雨水直接排出墙外，这也是地方的独特做法，比较简单实用，唯一的缺点是容易污染和浸泡墙体。

重庆地区小青瓦屋面的椽子呈扁平状，其尺寸的制定基本上都是按照当地约定俗成的做法。一般建筑的椽条宽度在100 mm左右、厚度在30 mm左右，椽子的中线间距多为250 mm，其形状相对于北方的方形或圆形的椽子来说略显单薄，所以

图 11.61　琉璃瓦屋面（合川区涞滩古镇二佛寺下殿）

图 11.62　"有勾滴"素筒瓦屋面（江北区鸿恩寺文化园郑家院子）

图 11.63　"有勾滴"小青瓦屋面（涪陵区青羊镇四合头庄园）

也叫桷板。桷子之间留的空当约 120 mm，工匠中流传有"三八（3.8寸）桷子四寸沟"的口诀。其做法也比较简单，将几个常用的尺寸刻在钉锤上，工匠在钉檩条的时候直接在钉锤上比刻度而不是丈量，此法极为快捷与准确。瓦的尺寸往往根据椽径来确定，选择近似的尺寸规格，宜大不宜小。据实测，重庆地区筒瓦尺寸 110 mm，板瓦尺寸 180 mm 左右。

2）草屋面

以前，重庆乡村地区民居建筑用草屋顶的比较多。草屋顶的构造极为简易，而且要比瓦屋面经济很多，其大致做法如下：首先，将竹竿（或木条）用竹筋（也叫竹篾）绑扎，纵横排列形成网架，竹竿相距约30 cm。其后，将网架固定在横向排列的檩子上（草屋顶的檩子一般较细），或者直接在檩子上纵横绑扎竹竿，形成网状。然后，将捆扎好的稻草或麦秆从下至上进行平铺，上层压住下层，首尾相叠，连接处用竹篾捆紧以防滑落；如此重复将稻草或麦秆铺至屋脊，在屋脊处加铺稻草或麦秆，沿脊的方向用竹竿压紧，再用稻草或麦秆扎成束压紧。最后，将屋檐修剪整齐。由于草屋顶容易腐坏，所以一般几年就需全部更换一次（图11.65）。

3）石板瓦屋面

石板瓦屋面主要出现在海拔、湿度较高且昼夜温差较大的地区，如城口县大巴山区。其做法一般是将厚1.5～3 cm的片石搁置于木椽子上，上下片石彼此交错搭接，片石有人工加工成方形的，呈菱形排列，也有采用未加工的自然片石。其最大优点就是在寒冷的冬季不怕被冻裂（图11.66）。

4）树皮瓦屋面

树皮瓦屋面也主要出现在海拔较高的山区。做树皮瓦的树种主要有油杉、朗树等，关键是树皮的韧性要好，否则在用刀斧剥的时候，树皮会断。剥下来的树皮都得先放在流水里浸泡去脂，否则树脂被暴晒后容易收缩、卷曲，甚至裂口，导致树皮瓦直接报废（图11.67）。

11.4.4 歇山顶地方做法

重庆地区歇山顶的地方做法主要为悬山加侧披檐的做法。这种做法最具重庆地方技术风格，体现了"古制遗存和灵活自由"相结合的特点。基本方式是直接在双坡悬山屋顶两侧山墙一定高

图11.64 "白灰座檐口"小青瓦屋面（秀山县梅江镇金珠苗寨）

（a）酉阳县桃花源景区榨油坊

（b）酉阳县苍岭镇石泉苗寨某牲口棚

图11.65 草屋面

（a）

（b）

图 11.66　石板瓦屋面（城口县高楠镇方斗村）

图 11.67　树皮瓦屋面（酉阳县泔溪镇大板村）

度外加披檐，与悬山屋顶的檐口交接围合形成四坡屋面，整个屋面不举折，有的在四角端部位置直接发戗形成高高的翼角起翘，有的不起翘。考察历史遗留下来的早期歇山屋顶，该做法应该属于歇山顶构造技术发展初期形态的地方遗存。

该做法的最大特点是披檐与主体梁架结构大多结合不够紧密，而且由于屋脊没有收山，正脊显得比较长，檐口没有升起，有的仅在翼角起翘，甚至不起翘。山墙面三角形部位面积比较大，悬山檩头钉搏风板，而无山花板，可直接看见山墙穿斗柱枋。披檐有落柱和不落柱两种做法。不落柱披檐主要是通过各种悬挑方式进行营造，而落柱披檐就是在披檐下增加排柱，形成一种外廊式的空间形态（图11.68、图11.69）。详见第9章。

11.5 出檐结构及其做法

11.5.1 悬挑出檐

明清以后，重庆地区木构建筑技术发展的一个重要趋势就是简化和明晰木结构建造的逻辑关系，致使建筑构造和受力关系更加简明，一些复杂的技术做法逐渐被取消，其中就包括斗拱的结构功能被减弱，这便带来了建筑前后檐部处理的很大变化，深远的"挑枋出檐"做法变得普遍而丰富。其原理是用一种悬臂构件来解决屋檐出挑的问题，即以长短不等的挑枋穿过檐柱，承托挑檐檩及屋顶的重量。深远的出檐一是出于防雨防晒功能的考虑,二是形成了深而广的、具有半公共性的檐下"灰空间"。

在重庆地区,为了提高枋、檩构件衔接处的稳定性,在挑檐檩与挑枋之间加瓜柱,坐于挑枋之上,瓜柱与挑枋之间为了美观与传力,常常有一个带雕饰的方形云墩或小斗,称为坐墩(图11.70);如果瓜柱下部(与挑枋接触处)经过了雕饰形如瓜状,又可称为坐瓜(图11.71);挑头上的瓜柱包过挑头而下垂的叫作吊墩,又称为吊瓜,因其雕刻纹饰图案多如瓜状,故名(图11.72)。有时为了增加出檐深度,并加强其稳定性,常常在挑枋下面多安装斜撑辅助受力。斜撑,重庆又叫"撑弓"或"撑栱",可分为棒棒撑与板板撑。因斜撑位于檐部,很容易被观瞻,所以是装饰的重点。棒棒撑为圆木,

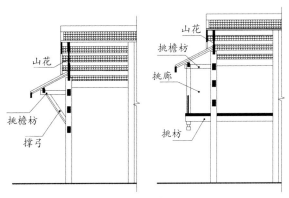
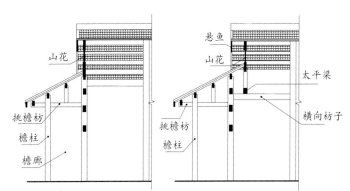

图 11.68 悬山加侧披檐的几种做法

图 11.69 外廊式披檐(秀山县洪安古镇)

图 11.70 坐墩(江津区中山古镇)

图 11.71 坐瓜(潼南区双江古镇四知堂)

图 11.72 吊瓜(潼南区双江古镇杨氏民居)

常做镂雕，故也称圆柱形撑弓；板板撑又可分为扁方形撑弓及三角形撑弓，多装饰几何纹样。斜撑两端用榫头和铁钉与挑枋、檐柱固定（图11.73）。坐墩、吊墩、斜撑几乎可在不同类型的悬挑出檐中灵活应用。悬挑出檐的出挑方式从受力结构来看可分软挑和硬挑（图11.74）。

1）软挑

软挑类似于插拱，早在2000多年前的汉代画像砖上就有这种做法的表现。所谓软挑就是从檐柱挑出扁枋，后尾压在一过担之下，受力如杠杆原理。软挑一般出挑不大，通常一步架，连檐口伸出，可达1.5 m。有的为了加强承重及结构的稳定性，往往在挑枋下加一撑弓（图10.4）。

2）硬挑

硬挑是利用通长的穿枋出挑。挑枋常利用木材弯曲形状，拱弯向上，有的挑枋选料呈大刀状，大头朝外，向上弯出，粗犷有力。从出挑数量和程度来看，硬挑主要包括单挑、双挑、三挑及组合挑等几种类型。再加上出挑的层数，便构成多种形式。

（1）单挑出檐

单挑出檐是指一根挑枋承挑屋檐，自檐柱到檐檩挑出一步架，挑枋前头较大往上翘，后尾插入金柱，有时在挑头上立瓜柱，并加吊墩或吊瓜作为装饰（图11.75）。

（2）双挑出檐

采用双层挑枋，出挑二步架，深度可达2 m多，常用于大门及厢房的出檐，少用于正房。如果正房要出檐这样的深度，多采用檐廊加单挑出檐的做法，显得空间通透而庄重（图11.76）。其中，双挑坐墩式出挑又叫板凳挑（图11.71）。

（3）三挑出檐

为求得更大的出檐而下部空间又不便做檐廊列柱的，可采用三层挑枋出挑三个步架，深度可达3 m多。为加强支撑力，有的在最下一层挑增加贴角木或雀替。

（4）组合挑出檐

有的为了出挑深远，加强支撑力，并提高其稳定性，还将挑枋以下的穿枋伸出，再立短柱，形成多达几层的组合挑，或者在挑枋或穿枋下面再安装斜撑辅助受力。这些不同方式的灵活组合使得悬挑

（a）棒棒撑（巴南区彭氏民居）　　　　　（b）扁方形板板撑（巴南区覃家大院）　　　　　（c）三角形板板撑（潼南区四知堂）

图11.73　各式撑弓

出檐的形式更加丰富多彩，变化多样（图11.77）。

若按挑枋是否为直线来划分，悬挑出檐的方式可分直线挑和弧形挑。大多数的挑枋为直线或接近直线，而有的为了受力的科学性，往往选用自然弯曲的木材作为弧形挑，如牛角挑。弧形挑同样可分

为单挑、双挑甚至三挑等出檐方式（图11.78）。

传统民居建筑不仅前后檐出檐深远，而且两面的出山（出际）也较大（特别是悬山式民居）。通常，汉族民居比土家族、苗族民居的出山要小些。出山的目的是保护山墙面免遭雨水淋湿，并可成

分类	主要出檐形式						
	单挑出檐					双挑出檐	三挑出檐
	硬挑		软挑	加撑弓出檐	弧形挑出檐		
图示	单挑坐墩式						

图 11.74　各式挑檐做法示意图

（a）酉阳县龚滩古镇

（b）酉阳县苍岭镇石泉苗寨

图 11.75　单挑出檐

（a）涪陵区大顺乡大田村

（b）秀山县海洋乡岩院村

图 11.76　双挑出檐

为堆放柴草、杂物等的场所。具体做法与尺寸大约是：在两山头处，将檩子向外出挑3~6根椽子的宽度，约0.5~1.0 m，个别的甚至达到1.5 m，檩子上铺设椽子并盖瓦。在最外边的椽子和檩头上钉搏风板，用以封檐和防止雨水侵蚀檩子。有的还在两坡搏风板的交汇处，即脊檩头的位置施以悬鱼装饰。

11.5.2 转角出檐

转角出檐又称翼角出檐。通常是挑出老角梁，其上斜立仔角梁。为支持其稳定性，于两侧加持顺弯的虾须木，长约三步架连接于挑檐檩上，再在其上铺设椽子（图11.79）。

在渝东南地区，由三面出挑的走马廊构成的吊脚楼，其上部覆盖着歇山式屋顶，构成了土家族、苗族特有的走马转角楼。转角楼的两个转

（a）弧形单挑出檐（巴南区丰盛古镇）

（b）弧形双挑出檐（巴南区丰盛古镇）

图 11.78　弧形挑出檐

图 11.77　三层组合挑出檐（江津区中山古镇）

图 11.79　翼角出檐（潼南区上和镇独柏寺正殿）

角高高翘起，成为整栋建筑中轮廓最为突出的部分，也是整栋建筑的重点装饰部分，在构造上又是使用自然弯曲木材最多、最集中的部分，其中转角挑枋形如牛角，故又名"牛角挑"。沿转角对角线方向上翘的转角挑枋为主要承重构件。转角的出翘和起翘大小均由转角挑枋的伸出长度和向上弯曲的程度来决定。毫无疑问，转角挑（牛角挑）是识别土家族、苗族民居的重要标志之一（图11.80）。

牛角挑的形成源于构件功能和材料特性的有机结合。山地林木的生长，一开始垂直于坡地斜面，至一定高度后转为垂直于水平面，因此林木在根部附近总是形成特有的弯曲形状。人们利用山地林木的这一生长特性，加工制成"牛角挑"。挑枋截面随荷载力臂增大而自然扩大，挑枋反弯向上托檩使悬臂受力更加合理，不必对木材进行挖、削、弯

等附加的处理，科学地解决了水平悬挑构件承垂直荷载的问题。另外，这种源于山地的反弯挑枋形式，在立面构图上更加有美感，曲线的挑枋、飞动的檐角、空灵的挑檐以及拔地而起的吊脚楼共同构成了渝东南传统民居鲜明的地域特色。

11.5.3 附设披檐

除了屋面的直接出檐，为了遮风挡雨、防晒等功用，对高大建筑或楼房，常在屋身中段或者楼层分段处附设短小的出檐，根据其所处建筑的位置，本地又称之为披檐、腰檐或眉檐等。一般地，披檐有落柱，即在其檐下增加排柱，形成一种外廊式的空间形态（图11.69）；而腰檐、眉檐不落柱，主要是通过各种悬挑方式进行营造。不管是披檐还是腰檐，一般都可分为带廊和不带廊两种；而眉檐一般不带

（a）牛角挑（秀山县大溪乡半坡村）

（b）牛角挑（秀山县海洋乡岩院村）

（c）走马转角楼（酉阳县西酬镇江西村）

图11.80　牛角挑与走马转角楼

廊，主要用于门窗的上部，达到遮阳避雨的目的，可以说是一种雨篷（图11.81）。详见第9章。

11.5.4　轩廊和轩棚

　　由于重庆地区具有闷热潮湿的气候特点，要求建筑应保持良好的通风条件，再加上经济成本、施工难易等原因，使得大多数民居建筑的室内采用"彻上露明造"这一暴露梁架的营造方式。因此，为了美观，凸现豪华气派，在主要建筑前檐廊或者比较讲究的建筑前后外檐部，经常施以曲线和色彩非常优美的轩廊和轩棚，形成类似卷棚的天花造型，以起到突出和美化的作用。

　　轩棚的具体做法是先用极薄的木板做成"卷叶子"（类似"弓"形曲线），钉在"卷桷子"上，"卷桷子"是用1~2寸宽的桷子做成卷形，它们间的距离约略同民居建筑上的桷子，轩棚的宽度可以根据实际情况进行变化。因其桷子的形状还可分为"鹤颈轩、菱角轩、船篷轩"等。为进一步突出富丽精美的效果，轩棚下面的短柱多采用雕饰丰富

的驼峰、小斗等造型；在色彩上，板面刷白漆或红漆，卷桷子刷深褐色或黑漆，两者对比鲜明十分醒目（图11.82）。

11.6 营建步骤及建房习俗

11.6.1　营建步骤

　　传统民居的营建步骤一般包括择屋基、平屋基、选料伐木、解木、架大码、拼屋架、立屋架、上大梁、上屋顶、做墙壁、铺楼地板、细部装饰等12个大的步骤（表11.1），可进一步归纳为选址、选料、加工、安装等4个大的环节（图11.83）。

　　1）选址
　　详见第3章，不在赘述。
　　2）选料
　　复杂多样的自然环境造就了广袤的森林资源，为巴渝大地修建房屋提供了丰富的木材。《汉书·地理志》："巴蜀广汉，有山林竹木之饶。"从古代巢居到干栏建筑，再到四合院、天井院建筑，木

（a）窗上的眉檐（巴南区丰盛古镇）

图11.81　眉檐

（b）门上的眉檐（巴南区丰盛古镇）

料都作为建房的首选主材。由于树木资源丰富，取材方便，亦有强度与韧性，且便于加工，木材成为

传统民居建筑材料的主流。建筑结构方式都是以穿斗式木构架为主，围护结构以及各种细部构件大

（a）巴南区南泉街道彭氏民居

（b）铜梁区安居古镇妈祖庙

图11.82 轩棚

（a）刨子加工（梁平区双桂堂）

（b）凿子铲削（酉阳县苍岭镇石泉苗寨）

（c）凿子打眼（酉阳县龚滩古镇）

（d）穿枋斗榫（梁平区滑石寨）

图11.83 重庆民居的建造技艺

都用木材加工而成。特别是门窗、栏杆以及其他装饰性构件绝大部分亦采用木材，不但便于雕刻，而且样式丰富、造型生动、富有地域特色，充分发挥了木材的优良特性。木材这种建筑材料，一是自重轻，二是便于加工。除了木材之外，也有用青砖、石材、夯土等作为承重材料的，但这些材料更多的是用作围护结构。

重庆地区气候湿润、地形复杂、生境多样，为森林特别是乔木的生长提供了良好的环境，致使木材资源丰富，种类繁多。如何选择合适的木材（包括品种、树龄、尺寸等）作为建筑材料，是地域建筑文化的一种体现。

我国常用的建筑木材为针叶树种。重庆地区由于受气候、地形地貌及海拔因素的影响，杉木、柏木和马尾松分布十分普遍。因此，作为对环境适宜性的表现，当地工匠本着就地取材的原则，主要选择以上3种树木作为材料。这些木材的共同特点是纹理顺直，力学性能较好，易得到长材，而且便于

表 11.1　重庆民居营建步骤一览表

顺　序	大步骤	分步骤	备　注
第一步	择屋基（选址）	择屋基	选择理想的"风水宝地"
第二步	平屋基	择吉日、平整场地	平屋基破土动工时，必请风水先生选择黄道吉日，才能动工，禁冲犯"太岁"；填挖平衡，素土夯实
第三步	选料伐木	择吉日、选木、伐木、运木	伐木要选择黄道吉日，禁犯"鲁班煞"；砍伐自家的山林，一般选择干粗径直的大树；运木主要包括人工抬运，以及从单漂、小筏、中筏直到大筏的水运
第四步	解木	解木	现代多用框锯解木
第五步	架大码	画墨线、下料	用"丈杆"和"木行尺"定各构件尺寸；按照放墨时定的大致尺寸，把柱、穿、挑、檩等构件加工成型
第六步	拼屋架	斗榫、排扇	按照榫卯位置组装柱、穿、挑等主要构件；将几榀屋架按应在的位置排列好
第七步	立屋架	发扇、上楼枕与联枋	排好扇后，由掌墨师傅站在中柱旁指挥立屋，叫立屋架，也称为发扇；屋架立在连磉石础或石磉墩上
第八步	上大梁	拜梁、开梁口、缠梁、升梁、赞屋场、赞酒肉、抛梁粑、下梁	每一小步骤都有内涵丰富的祭祀习俗
第九步	上屋顶	上檩条、上椽子（桷子）、上封檐板、铺瓦	按"三八（3.8寸）桷子四寸沟"进行施工
第十步	做墙壁	装板壁、做竹编夹泥墙或砖墙、石墙	每栋民居的墙壁可用单一的材料进行围合，也可是几种材料混合使用
第十一步	铺楼地板	铺地板、铺楼板	木板都是沿进深方向铺设
第十二步	细部装饰	做脊饰、做窗花、做栏杆、做撑弓、饰檐口等	无固定程序，可交替进行

加工，相对密度较小，因此，这些木材都能用来制作木构件，尤其是受力承重且要求长度较长的柱、梁、檩等构件。其中杉木、柏木强度高、耐腐性强、很少受虫蛀，因此选择较多。从木料形态上来说，以牛角挑为例，这种形态的木料对建筑承重有着重要的影响。工匠对天然形成牛角挑用料的选择，体现了认识自然并充分利用自然的文化表现。牛角挑免去了加工步骤，特殊的形态赋予了更多的承重质量，并具有强烈的装饰美感。

特殊的气候使得这里湿润异常，即便良好的木材也经不住长年累月的雨水浸泡。而重庆地区盛产砂岩、石灰岩，为解决防潮问题，工匠们便选择了石料作为地基、铺地、柱础等的用料。在建造房屋时，根据不同的要求，也部分选择了竹子、青砖、石灰、桐油和草料等作为建筑材料。

3）加工

加工一般包括伐木、解木、架大码等具体步骤。

首先，重庆地区深受风水文化的影响，对于木材的砍伐有着一定的考量。以渝东南土家族为例，在平整完屋基以后，主人就要与掌墨师傅（主持建筑师）一道上山伐木，砍伐建房所需木材，这一过程称为"伐青山"。伐青山的首要一点，就是要选择黄道吉日。其次，伐取木料以后，一般并不马上使用，必须要放置一段时间，等候木材干透了再使用，并对其进行冷热处理，以满足不同的需求。

木料加工时，就需要对尺寸进行规定，而尺寸的选择隐含着重要的文化内涵。例如，重庆许多地区在修房建屋断料时，都保留着一种"丈八八""房不离八"的营造模数制度。除此之外，有些地方还有较详细的规定，如在渝东南地区，对木行尺（鲁班尺）的规定，就是尺寸要符合"尺白"。所谓"尺白"，就是在"尺"的一至九共九星数字中，要符合吉星数。九星是：一贪狼、二巨门、三禄存、四文曲、五廉贞、六武昌、七破军、八左辅、九右弼。其中一、二、六、八、九共五星被认为是吉星，其余为凶星。在房屋宽、深、高数字中的尺数要符合这五星，乃算吉利。当碰不上"尺白"时，就要采用"寸

白"来补救。当地建造制度规定，"尺白有量尺白量，尺白无量寸白量"，意即当尺的数字不能符合尺白吉星（一、二、六、八、九）时，就要在寸这一尾数上采用六、八、九等"寸白"数字。此外，有的地方还有一项规定，即单丈双尺、双丈单尺，即丈尺的数字要采取一奇一偶（周亮，2005）。

4）安装

安装一般包括拼屋架、立屋架、上大梁、上屋顶、做墙壁、铺楼地板、细部装饰等步骤。

首先是拼屋架，包括斗榫头及排扇。在立屋竖柱的前一晚上三更时，掌墨师傅和主人，举行敬鲁班仪式，收邪、收煞，在纪念鲁班的同时，求神保佑立屋平安。然后将每榀屋架各构件（柱、穿枋、挑）按照榫卯位置斗好（安装好），再将几榀屋架按应所在的位置排列好，即为排扇。

其次是立屋架。立屋架前要焚香烧纸，然后由掌墨师一手拿斧头，一手提雄鸡，一只脚踩在中堂的中柱上，"安煞"定五方，以驱鬼避邪。立屋架时，屋架柱子在横向和纵向都要用木料拉着，呈一个整体才立得稳。纵向拉的叫"剪竿"，横向推的叫"送剪"，这样才能保证屋架立得起来并稳得住。

第三是上大梁。立屋架之后，同一天中午，便开始上大梁（实际上是指堂屋脊檩下方的"挂"）。上大梁是老百姓建造新房过程中最为慎重的事情，认为大梁是全屋之根木，象征主人龙脉久旺而不衰。

最后是上屋顶、做墙壁、铺楼地板、细部装饰等步骤。

从穿斗式木构架体系来看，传统民居的建造采用了模块化的技艺。即在建造过程中，首先建成房屋的框架，通过排扇、立屋架、上大梁等步骤之后，再将房屋的其他各个组成部分，如屋顶、墙壁、门窗等安装到框架之上。模块化建造技艺在当今仍具有优势，主要表现为施工安全、效率较高。

11.6.2　建房习俗

重庆居民十分重视建舍立家，无论建房习俗还

是居住习俗，都与他们为求自身发达、避祸就福而求救于天意神灵联系在一起。经过历史积淀，建房习俗被人们赋予了文化寓意，以求吉祥安顺。民居建筑的选址、平屋基、伐木、加工、安装等都要选择良辰吉日。在风水学里关于建房的说法还有很多，虽然有的带有明显的迷信色彩，但是还是有一些合理的成分。例如，汉代王充在《论衡·讥日篇》中写到"工伎之书，起宅盖屋必择日"，还有《阳宅十书》也说："论形势者，阳宅之体；论选择者，阳宅之用。总令内外之形俱佳，修造之法尽善。若诸神煞一有所犯，凶祸立见，尤不可不慎"；再有"先修刑祸，后修福德"的说法，在修建房屋的时候，即先修刑祸一方，再修福德一方。

重庆居民十分注重建筑与环境的关系，"务全其自然之势，期无违于环护之妙耳"，强调"宅以形势为身体，以泉水为血脉，以土地为皮肉，以草木为毛发，以舍屋为衣服，以门户为冠带"，追求民居建筑与自然环境的和谐统一。他们认为自然环境的优劣会直接导致人们命脉的吉凶祸福，因而在住宅建筑的"选址""动土""立房""入宅"等方面均十分注重一个"吉"字，从而达到人们向往和追求的人丁兴旺、财源茂盛、万世昌隆这一宏伟目标。

在民居建造过程中也十分重视"上梁"仪式，并形成风俗流传至今，反映了人们重视家园建设，家庭平安是他们最大的愿望。上梁习俗是古代"天人合一"与"时空合一"的宇宙自然观在建筑民俗中的反映。房屋的大梁，土家族认为一定要偷偷砍伐别人的树木，而苗族认为须在立房子的头天才去山上砍伐，各地风俗不一样；搬运大梁的过程中，绝对不能让人踩踏；通常是在选定好的时辰，将事先选好并已加工上漆的优质大梁，正中处凿一小洞，放进谷穗、金、银、笔、墨等，预示主人日后飞黄腾达，大富大贵，后代知书达理；梁上还要悬挂象征吉祥的红布，俗称"挂红"，上书"紫微高照""吉祥富贵"等大字。上梁时要放鞭炮、唱《上梁歌》、抛上梁粑等，掌墨师傅亦亲自参与各种礼节，相当隆重。《上梁歌》是人们在修新居时，待新屋屋架立起后，择定良辰举行上梁的仪式歌。仪式开始，从屋架上放下绳子，把画梁徐徐拉上去合榫，这时，由掌墨师与请来的贺梁人共同唱颂《上梁歌》。

《上梁歌》内容如下：上一步，望宝梁，一轮太极在中央，一元行始呈瑞祥。上二步，喜洋洋，"乾坤"二字在两旁，日月争辉照华堂……

本章参考文献

[1] 潘谷西.中国建筑史[M].北京:中国建筑工业出版社,2004.

[2] 潘谷西,何建中.《营造法式》解读[M].南京:东南大学出版社,2005.

[3] 陈蔚,胡斌.重庆古建筑[M].北京:中国建筑工业出版社,2015.

第12章

装饰艺术

重庆民居建筑除了富豪宅院追求华丽气派之外，绝大多数都没有繁琐的附加装饰，显得较为清淡素雅，简洁大方，通常是在个别重点部位进行装饰，从而成为整幢建筑最出彩的地方。就其装饰风格和工艺技术而言，因深受南方地区的影响，形成了以小巧玲珑、秀外慧中见长的地域特色；在表现手法上把浪漫与质朴很好地融为一体，古拙而不失灵秀，粗犷而又韵致，格调恬淡，风格简洁，不仅生动地反映了本地区人民趋吉避害、祈福消灾的良好愿望，而且观者能从中感受到古雅的情趣和悠远的意蕴。

12.1 装饰部位划分

12.1.1 屋顶装饰

重庆民居建筑的屋顶大多轻盈简洁、朴实无华，其装饰的重点主要在屋脊、山花和封火山墙三大部位。

1）屋脊

民居建筑对于屋脊的装饰是极为讲究的，屋脊的位置最高，是最容易体现建筑气势与华美的地方，也是最能彰显房屋主人身份和地位的地方。屋顶艺术表现力的生动性很大程度上有赖于脊饰的装饰作用。因此，人们对民居屋脊的装饰都极为重视。不同的屋顶形式，屋脊的数量及其部位是不同的，如歇山顶就有正脊、垂脊、戗脊和博脊，而硬山顶、悬山顶只有正脊和垂脊，不过一般不重视其垂脊的装饰。重庆地区民居建筑屋脊造型多种多样，具有浓郁的地域文化特色。

（1）按材料构造做法划分

按材料构造做法可把屋脊分为叠瓦屋脊、灰塑屋脊和瓷片贴屋脊3种。

①叠瓦屋脊

重庆地区由于气候湿热多雨，大风天气较少，所以大多数民居建筑不需要做望板苫背，而是直接在椽子上布小青瓦，轻盈通透。与此相应，民居屋脊大多直接用小青瓦来堆叠成脊，一般在建筑正脊的中心位置叠放一个中花，两端起翘（图12.1）。叠瓦屋脊的做法有以下3种。

第一种，在两坡瓦垄的交接处横向放置盖瓦若干层，盖瓦与盖瓦首尾相连，中间不留缝隙，上面一层的盖瓦界缝与下面一层的接缝正好错开半个盖瓦的位置。这种屋脊构造简单，但比较容易漏雨。

第二种，在两坡瓦垄交接处的前后两坡各横向放置一垄盖瓦，盖瓦首尾相连，不留间隙，再在前后坡面做相交呈"八"字形的瓦，最后在两垄"八"字形盖瓦相接的位置平行叠数层盖瓦，接缝错开半个盖瓦的位置。有的在屋脊的两端横向挑出一块瓦或垒叠成向上翘起的各种造型。这种做法的防水性能要好于第一种。

第三种，与第二种做法大致相同，不同之处在于：在平行叠一或两层盖瓦后，再在上面将瓦斜铺或垂直立着密排起来。

②灰塑屋脊

比较讲究一些的民居，如大夫第、庄园、祠堂等建筑屋脊常用灰塑，并塑出各种装饰图案（图12.2）。主要做法有以下两种。

第一种，在两坡瓦垄交接处用厚约10 cm的黏土拍实，然后在黏土上用盖瓦横向叠瓦，叠瓦时常采用压四露六的叠法，最后在屋脊两端挑出一块瓦作为收头的舌苫。这是最简便的一种做法。

第二种，在两坡瓦垄的交接处横向放置盖瓦

若干层,盖瓦与盖瓦首尾相连,中间不留缝隙,上面一层的盖瓦界缝与下面一层的接缝正好错开半个盖瓦的位置。然后再用灰浆压在盖瓦之上,厚约10 cm。这种做法其实就是叠瓦屋脊第一种做法上加了灰浆,防水性加强了,做法又简单,因而在重庆地区被广泛使用。

通常,在灰塑屋脊上要塑造各种细致生动的人物、兽类、鱼虫、花鸟等造型及图案。造型较大的内用竹篾或铁丝做出骨架,外用灰泥塑出造型,对手工艺要求较高。灰塑造型表面饰以各种颜色的油彩,使得整个屋脊十分华丽绚烂;色彩多采用赭红、青蓝、土黄等颜料;用黑色或白色勾边,用色大胆酣畅。

③瓷片贴屋脊

祠堂会馆、宫观寺庙等建筑的主要屋顶装饰华丽,常使用筒瓦做盖瓦,有的还使用琉璃瓦。这些建筑的正脊常常是在两坡相交的地方先用片瓦或筒瓦垒脊,然后在其上做通脊。常使用一种称为"瓷片贴"的做法,即用碎瓷片组合拼贴出各种纹样。其往往为人物花草的浮雕,玲珑剔透、美观

（a）石柱县悦崃镇新城村（中花）

（b）武隆区浩口乡田家寨（中花）

（c）铜梁区安居古镇

（d）酉阳县苍岭镇石泉苗寨

图 12.1　叠瓦屋脊

（a）梁平区碧山镇孟浩然故居

（b）涪陵区青羊镇四合头庄园（中花有贴瓷）

图 12.2　灰塑屋脊

大方,具有独特的艺术魅力(图12.3)。有的正脊还使用透空花筒子脊,十分华丽。

不过,有些传统民居建筑的屋脊在不同部位采用了叠瓦、灰塑或瓷片贴,并进行了有机组合,美观大方,经济实惠,如万州区良公祠、沙坪坝区冯玉祥旧居等(图12.4)。

（2）按装饰部位划分

按装饰部位可把屋脊划分为中花和吻兽。

①中花

中花位于正脊的中央,一般是通过瓦堆积、灰塑或瓷片贴等方法而形成的各种花纹样式,也称为腰花或中堆。按材料构造做法又可分为叠瓦中花、灰塑或瓷片贴中花。

叠瓦中花:由小青瓦堆叠而成的,常见的花纹样式主要包括铜钱纹、十字花、五角星、品字形、鱼鳞纹等,以及各种简单花纹的变化组合(图12.5)。中堆花纹多有一定的寓意及象征,传达出屋主的美好愿望,如外圆内方的铜钱即所谓的金钱满屋,置三叠瓦或六叠瓦成"品"字形象征一品当朝,错迭铺设成鱼鳞状表示年年有余,等等。根据屋脊的位置和长短,中花花纹的样式和尺度又有所区别,通常正屋的中花装饰最为华丽,屋脊较长时可适当扩大中花长度,中花尾端多有起翘,不仅形式优美,也可与脊尾起翘的瓦饰相映成趣。厢房屋脊处次

图12.3　瓷片贴屋脊（合川区涞滩古镇二佛寺下殿）

（a）万州区长岭镇良公祠屋脊（中花）

（b）涪陵区青羊镇陈万宝庄园屋脊（中花）

图12.4　屋脊叠瓦、灰塑与瓷片贴3种方式的有机组合

之，也可不设中花装饰，只用瓦脊。

灰塑或瓷片贴中花：一般在比较讲究的建筑上使用，其表现力强，视觉效果丰富，能够传达一种很深刻的文化内涵和审美价值（图12.6、图12.7）。上面塑有各种类型的题材，如宝瓶类器物、神仙、

富贵花卉、宗教符号、禽鸟走兽以及各种传说典故等。重要建筑正脊的中花，花样异常繁复，有的做宝瓶（顶）或火龙珠状，也有在其前面加塑神仙人物的，有的还在屋面对称位置塑人物走兽，用铁链与中花相连，造型层次异常丰富。中花宝顶下面一

（a）忠县花桥镇东岩古寨

（b）黔江区濯水古镇

（c）武隆区土地乡犀牛古寨

（d）渝北区龙兴古镇

图 12.5 叠瓦中花

（a）奉节县白帝城

（b）忠县花桥镇东岩古寨

图 12.6 灰塑中花

般都有镇屋宝匣，多为木制的长方形，外面封蜡，内放具有吉祥寓意的镇物，宝顶的高度一般不超过脊吻高度的两倍。

②吻兽

脊吻：为安装在正脊两端的龙形装饰物，也称正吻、大吻、龙吻、鸱尾、鸱吻、螭吻、吞脊兽等，一般使用在较高等级的建筑上。唐朝以前的鸱尾加上龙头和龙尾后逐渐演变为明朝以后的螭吻。重庆地区常用的是龙吻和鱼吻，寓意引水防火，地方工匠称其为"压胜"。有所谓："海中有鱼虬，尾似鸱，激浪即降雨，遂作其像于屋，以压火灾。"这些脊吻尾部向上卷曲，常作透空处理，吻边缘还有

许多花样，精巧华丽。脊吻的形式有龙状脊吻和鱼状脊吻，前者级别较后者高一些，等级较低的做鱼状脊吻，或鱼状与鳌尖相结合的方式。重庆地区比较考究的民居建筑大多用鱼龙吻，其寓意是"鲤鱼跳龙门"（图12.3、图12.8）。这也是南方地区较普遍使用的一种脊吻。有的还用回纹或其他动物作为脊吻。

脊尾：普通民居小青瓦屋面一般不作脊吻，但正脊两端仍有明显起翘，形成脊尾[图12.1（c）]。脊尾又叫"鳌尖""鳌头"。大多是直接用小青瓦堆叠而成，即利用小青瓦自身弧度，或顺屋脊或垂直于屋脊平置、斜置，或仰面朝下，或仰面朝上，各瓦

（a）潼南区双江古镇杨氏民居

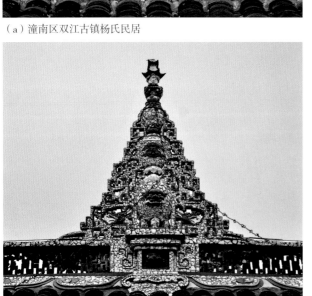

（b）梁平区双桂堂

图 12.7　瓷片贴屋脊宝瓶类中花

之间有机咬合形成的起翘，翘角可略微出挑于端头，显得灵动，具有飞翔之势，也可向内退回少许，更有利于结构稳定。有的以石灰涂抹，不仅起到装饰作用，也能保护屋脊不被风吹雨打而变形散落（图12.9）。

兽头：是使用在垂脊和戗脊上的装饰物，因所在位置的不同分别称为垂兽和戗兽。兽头的材料有陶瓦、灰塑和琉璃，除有装饰作用外，也起到防止雨水侵蚀木构件的作用。多用在等级较高的建筑，而一般民居建筑上用得较少。

戗兽又称仙人走兽、小跑儿、吞脊兽、蹲兽，它是一组装饰构件，从下到上依次为：仙人指路，是一位仙人骑在一只昂首的鸡上，布置在戗脊端头，其后跟随走兽，依次为龙、凤、狮子、海马、天马、狎鱼、狻猊、獬豸、斗牛、行什，共一仙十兽，这是最高等

级，一般只有皇宫才用。仙人走兽的安放有严格的等级规定，只有琉璃瓦屋面才能放置仙人，而青瓦屋面上只能使用坐狮代替仙人。走兽的数量除了皇宫以外其他的只能是单数，随着建筑等级的降低，其数量逐渐减少，甚至不用，每种走兽都有其特殊的寓意。重庆地区建筑等级不高，因此一般使用的是坐狮起头的走兽，且走兽的种类与官式相比具有地域特色，有的根本不用走兽而用卷草、鱼龙、人物代替，使建筑翼角造型更加灵动（图12.10）。垂兽也大多为卷草、人物造型等（图12.11）。

2）山花

在悬山式、硬山式和歇山式屋顶的左右两侧，前后两坡屋顶所形成的三角形部分称为"山"，在这一部分多用雕刻或彩绘花纹进行装饰，所以又称"山花"。重庆民居建筑的山花大多没有进行过多

（a）南川区石溪乡王家祠堂

（b）梁平区双桂堂

图 12.8 鱼龙形脊吻

（a）秀山县清溪场镇大寨村

（b）酉阳县西水河镇河湾村

图 12.9 普通民居脊尾

的装饰,一般都把山花的穿斗构架以及墙体直接显露出来,体现了一种简洁素雅的风格。如果说有装饰的话,主要体现在搏风板和悬鱼两个方面。比较讲究的民居还进行了彩绘。

(1)搏风板

在悬山式、歇山式屋顶的左右两侧,都将檩子悬出山墙之外,为了这些檩子头免受风雨侵袭,常常用长条薄木板钉在这些檩子头上,左右各一块呈人字形在三角形的山花顶上相接,这些长条薄木板被称为"搏风板",其宽度大多在10~20 cm,厚

度在2~3 cm(图12.12)。精细的做法是饰以浅浮雕,有的将板下缘处理成曲线形纹样,从而使屋面造型更加饱满丰富。

(2)悬鱼、惹草

悬鱼作为一种传统装饰,它的由来源自《后汉书·羊续传》里的记载:"府丞尝献其生鱼,续受而悬于庭。丞后又进之,续乃出前所悬者,以杜其意。"讲的是东汉时一个叫羊续的太守,下属到他家来送生鱼,他收下后就悬挂在房上,后来这人又送鱼来给他,他就指着房上的鱼给他看,叫他不要

(a)南川区石溪乡王家祠堂

(b)云阳县张飞庙

图 12.10 鱼龙形戗兽

图 12.11 屋顶各种脊饰(渝中区重庆湖广会馆戏楼)

再送。后来羊续便有了"悬鱼太守"的称号，因此"悬鱼"就成了象征为官清廉的符号，被用作建筑装饰流传了下来。另外还有一种民间说法，认为悬鱼属水，把它挂在房上就意味着浇水，进而可以起到庇佑房屋不遭火灾的作用。无论哪一种说法，都体现出人们渴望利用装饰来趋利避害的思想，寄托了人们美好的愿望。

悬鱼的做法有两种，一种是钉在搏风板之外，另一种是钉在搏风板之内。悬鱼后来演变成屋顶山面的重要装饰构件，其式样根据建筑的等级、性质、规模而定，基本形式为直线和弧线两种，有镂空与板式的区别。悬鱼下垂的优美线条与上翘的屋脊取得动态均衡，使得山花的形态活泼而富有变化。

同样，在搏风板与其他檩子端头相接处，为了更加牢固和美观，也钉一块木板，称"惹草"。宋代《营造法式》对搏风板、悬鱼、惹草的形制都有规定，例如根据建筑等级、大小，悬鱼长三尺至一丈，惹草长三尺至七尺，形式为花瓣纹或者云纹。

（3）山花彩绘

重庆民居建筑中很少见到山花彩绘，不过也有例外，例如开州区中和镇余家大院的山花彩绘内容之丰富，色彩之鲜艳，为重庆民居建筑不可多得的上乘之作，十分珍贵（图12.13）；再如石柱县河嘴乡谭家大院的山花彩绘，采用墨绘，图案为吉祥云纹，素色山花带有土家族民间装饰韵味，淡雅优美，醒目耐看（图9.4）。

3）封火山墙

重庆地区封火山墙的形态大致可分为4种：三

（a）全貌

（b）细部（一）

（a）铜梁区安居古镇

（c）细部（二）

（b）潼南区独柏寺正殿

图 12.12　搏风板与悬鱼

图 12.13　山花彩绘（开州区中和镇余家大院）

角尖式、直线阶梯式、曲线弧形式、直曲混合式。封火山墙一般由墙基、墙身、墙檐3部分组成，墙体采用空斗砖墙，墙面用清水灰砖白灰勾缝，墙脊用砖挑出叠涩，并用瓦和灰塑做出各种类似屋脊的形式。有的用灰塑做成各种空花图形，有的做成小瓦顶脊。在脊端处也有各种形状的翘头或鳌尖、鱼龙，其花样不逊于屋面脊饰。在墙身与墙檐的相接

（a）云阳县凤鸣镇彭氏宗祠老宅封火山墙精美的装饰

（b）黔江区阿蓬江镇草圭堂封火山墙素雅的墨绘

（c）梁平区碧山镇孟浩然故居栩栩如生的灰塑装饰

图12.14 封火山墙装饰

的岔角，以及墀头的正立面讲究的要作成彩绘、浮雕，题材多以祥禽瑞鸟、富贵花饰和传统的图案符号为主。高大封火山墙的装饰艺术效果是十分突出的（图12.14）。详见第9章。

12.1.2 檐部装饰

檐部空间是屋顶与屋身交接处，是上分与中分之间的空间转换地带，也是传统民居建筑装饰的重点部位。重庆民居建筑檐部构架轻盈，出檐深远，极富地域特色，其装饰重点主要在檐口、轩棚、坐墩、吊瓜、挑枋、撑弓等部位。

1）檐口

一般民宅檐口装饰十分简单，常在檐口板（封檐板）上略加连续刻花图案，或将下缘做波纹状；有的在檐口处常用灰塑将盖瓦稍微隆起以防瓦片坠落，并用白灰封口，形成自然连续的弧圈波浪线饰，十分醒目大方；有的就直接将仰瓦和盖瓦都伸出檐口较远的距离并不作其他处理，显得简单朴素。比较讲究的民居建筑，如祠堂会馆、豪宅大院，其檐口还常常做瓦当、滴水。瓦当又叫瓦头、勾头，其形状有圆形、扇形、三角形等，其中以圆形居多。装饰图案也颇为丰富，多用兽面、蝙蝠、花草等图案。滴水的形状多为垂尖形，其图案也是常见的蝙蝠、蝴蝶、花草等图形（图12.15）。

2）轩棚

轩棚，重庆地区又称"卷棚"，是天花的一种，主要应用在民居建筑中重要房屋的檐廊或前檐内，以遮挡檩枋交错的构架，确保天棚视觉效果的统一性。其做法是通过优美的波浪形曲线将原本构架繁杂的檐部统一起来，使之在视觉上更具纯粹性与统一性。檐廊内的卷棚融会了重庆地区"廊"与江南地区"轩"的技术做法与形态特征。一般的做法是在檐柱和金柱之间的穿枋上设驼峰，呈龟背形，曲边上承两根横向檩条，上钉卷桷子（弧形格条），桷子上钉薄木板所做的卷叶子。卷叶子有时涂上灰白色或浅红色，配着深褐色或红色的卷桷子，对比强烈，轻快美观。而前檐下的棚轩一般用

在正殿、正房等主要建筑上。其做法是先将卷形的桷子钉在檐檩上，再用极薄的木板做成卷叶子，钉在卷桷子上（图11.82、图12.16）。

3）坐墩、坐瓜与吊瓜

与吊瓜相比，坐墩的使用率相对较少，常与双挑、三挑配合使用，其底部有的刻为方形云墩或小斗，有的刻成覆盆、金瓜或莲花形状，类似于柱础的样式，因此，这种造型如瓜状的坐墩又称为坐瓜（图12.17）。更精致的则雕刻成狮子等吉祥物的模样，瓜柱的柱脚直接落于狮背上。而吊瓜的使用却比较普遍，形态也多样，最常用的是南瓜形，因南瓜多籽，且藤条蔓延缠绕、连绵不绝，象征儿孙满堂、福运长久、荣华富贵，故得名吊瓜（图12.18）。除南瓜形状外，还有八棱形、六棱形、四方形、莲

（a）圆形瓦当垂尖滴水（合川区涞滩古镇）

（b）扇形瓦当垂尖滴水（忠县花桥镇东岩古寨）

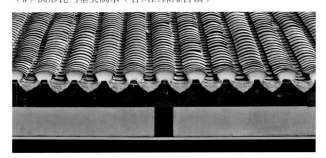

（c）白灰座檐口垂尖滴水（黔江区濯水古镇）

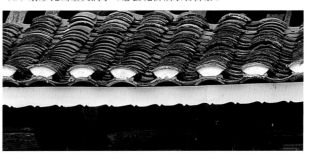

（d）白灰座檐口无垂尖滴水（秀山县梅江镇金珠苗寨）

图12.15　檐口装饰

图12.16　轩棚、花牙与挂落（渝中区谢家大院）

（a）坐墩（江津区中山古镇）

（b）坐墩与驼峰形坐瓜（石柱县临溪镇新街村）

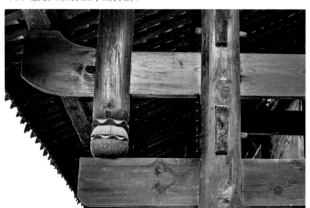

（c）坐瓜（黔江区濯水古镇）

（d）坐墩（江津区塘河古镇廷重祠）

图 12.17　坐墩与坐瓜

（a）江北区文化园郑家院子

（d）渝北区龙兴古镇刘家祠堂

（c）黔江区濯水古镇

（b）酉阳县龚滩古镇

图 12.18　吊瓜

瓣形、绣球形、灯笼形、花鼓形等，根据屋主喜好及地方风俗而异。重庆地区的传统吊脚楼建筑中，吊瓜广泛使用于屋檐、挑廊等出挑结构中，具有较强的装饰性。在渝东南地区土家族民居一般是在一栋房屋用一种样式的吊瓜，而苗族民居可能有2~3种。在雕刻手法上，苗寨民居吊瓜的工艺精美，而土家族的吊瓜则雕刻得简练厚实，这与其建筑整体的装饰风格是相符合的，体现了各民族审美情趣的细微差异。

4）挑枋

重庆地区主要的构架形式是穿斗构架，其出挑的方式主要是使用挑枋承托檐檩，从受力结构上分析，挑枋类似斗拱构件中的"翘"（宋称"华拱"），但与斗拱的翘相比，挑枋的结构逻辑更加简洁、清晰，显得朴拙而率真。重庆地区的挑枋不但符合结构原理，造型也生动有趣，既强化了构件的力学性能，又具有美化装饰的作用。诸如渝东南传统民居中的挑枋大多向上弯曲，拱头上翘，弧度类似牛角，被称为"牛角挑"，这种形式

的挑枋利于减小受压变形，极大地增强了其承载能力（图11.80）。在规格较高的民居建筑中，有些挑枋被雕刻成卷云、蚂蚱头的样式，位于主挑枋下面的辅助挑枋常雕刻成象头状，被称为"象鼻挑"，这种挑枋的装饰作用要大于其结构作用。在很多情况下，挑枋、坐墩、吊瓜与撑弓一起配合使用，雕刻题材相互关联，色彩一致，大大丰富了檐下空间（图12.19）。

5）撑弓

撑弓，又名"撑栱"或"斜撑"，是在穿斗建筑之中使用较多的一种结构构件，一般出现于檐部，位于承托挑檐檩的挑枋下方、檐柱上段，其主要作用是防止因檐口出挑过远而导致的过重剪力。实际上，撑弓是由双挑或三挑出檐最下层的挑枋演化而来的，其结构合理性远大于双挑或三挑。就目前所掌握的资料来看，撑弓这一建筑构件仅见于明代以后的建筑之中，主要是伴随两次湖广填四川的移民浪潮传入的，尤其是在清初的第二次湖广填四川浪潮中，撑弓开始在重庆得到了广泛的使用，并开始

（a）合川区三汇镇

（b）酉阳县南腰界乡老街

（c）涪陵区青羊镇四合头庄园（一）

（d）涪陵区青羊镇四合头庄园（二）

图12.19 挑枋

形成自己独有的地域风格。就撑弓本身而言，其简单的构件形式在艺术上是无法与斗拱相媲美的。因此，人们便把审美的重心放到对撑弓本身的造形及其表面的雕饰上，也就是说绝大部分撑弓都进行了雕饰。为了不破坏撑弓的结构功能，雕刻特别是镂空雕刻多集中在人们视野内的阳面，而其阴面则一般不作雕刻，以保证有足够的断面来承担受力。雕刻手法主要有浮雕、圆雕和镂空雕3种。根据形态，撑弓可分为圆柱形、扁方形、三角形及其他形状四大类型，其中扁方形运用较为广泛，受力结构也最为合理（李盛虎，2011）。圆柱形撑弓又被称为棒棒撑，扁方形与三角形撑弓可合称为板板撑。

（1）圆柱形撑弓

圆柱形撑弓比较常见，它大多使用在比较考究的民居建筑中，雕刻一般较为精细。由于圆柱形较之其他类型更适宜雕刻高浮雕或圆雕一类层次感更强的图案，所以在明清时期一直得到了广泛应用，并成为重庆木雕撑弓中的重要类型之一。根据雕刻题材，圆柱形撑弓又可分为瑞兽花草与戏曲人物两大类（图12.20）。

①圆柱形瑞兽花草撑弓

该种类型最早见于明代，具有极强的徽派建筑风格，造型精巧，短而粗壮。其题材主要是倒挂的圆雕瑞兽，且占据整条撑弓而没有其他装饰图案，如云阳县张飞庙结义楼上的一对圆雕狮子滚绣球撑弓，无论在造型还是雕刻上都与徽派撑弓(或称牛腿)如出一辙（图12.21）。清前期，该类型保留了明代撑弓的传统特色，但在造型上已经突破了整条撑弓只是一只完整瑞兽的徽式传统，开始在撑弓的两端出现其他的吉祥图案，而瑞兽演变成了撑弓的一个组成部分，而不是全部，撑弓的造型也开始变得更为修长。到了清代中后期，圆柱形瑞兽花草撑弓已经完全摆脱了徽式倒挂瑞兽的传统，瑞兽已变为直立的造型，其周围的装饰图案也更加丰富。圆柱形瑞兽撑弓在演变中，也偶见一些与传统造型风格迥异的作品，这些作品多数是匠人基于传统的创新。在这些作品中，瑞兽已经不是唯一的中心

图案，更多的亭台楼阁、花草山石出现在构图中，与瑞兽一起组成了一幅生动的画面。

②圆柱形戏曲人物撑弓

该类型撑弓的主体是一组或上下并列的几组戏曲故事场景，每个场景间以花草树木、山石云气等图案作为分隔。清代前期的撑弓在造型上保留了部分徽式撑弓的传统，较于后来的撑弓更为短粗，在构图上相应地受到限制。所以，这一时期的圆柱形木雕撑弓一般只有一组或两组戏曲人物，细部装饰简洁大方。清代后期随着撑弓造型的发展，修长的柱身为工匠提供了更大的创作空间，于是开始出现上下并列数组人物的圆柱形戏曲人物撑弓。这种撑弓有时甚至出现上下并列4组，人物多达10余位的情况。

（2）扁方形撑弓

该类型是重庆地区应用最为广泛、数量最多的一类撑弓。与圆柱形撑弓多采用圆雕技法不同的是，扁方形撑弓由于其扁平的形态特点，故多采用浮雕的手法表现平面图案，雕刻技法较圆柱形撑弓简单，主要包括扁方形鳌鱼纹撑弓、以鳌鱼纹为附属纹饰的扁方形撑弓两种类型（图12.22）。

①扁方形鳌鱼纹撑弓

明代扁方形撑弓仍以倒挂瑞兽为题材，同样是沿用徽式建筑的传统。到了清代，由于人们笃信鳌鱼可以避火的传说，鳌鱼造型的撑弓乃被广泛应用。这时的鳌鱼形象已不像明代那样高度写真，而是把鱼身部分抽象为水波纹或缠草纹，并且龙头部分被极力突出，以至后世多将鳌鱼叫作草龙。清末，受西洋艺术的影响，鳌鱼纹又出现了几何化的新造型，较明代有了更大的变化，已经从写实的瑞兽演变成几何化的装饰纹样，即鳌鱼的鱼身已经演变成回字纹一类的几何图案，龙头亦有所抽象，鬃毛与犄角已经变成了类似花枝的几何纹样。然而，鳌鱼形象的演变并未到此结束，在个别地区甚至出现了只有回字纹鱼身，而不表现龙头的撑弓纹样。

②以鳌鱼纹为附属纹饰的扁方形撑弓

扁方形鳌鱼纹撑弓在由写实到抽象演变的同

时,出现了一种以鳌鱼纹为附属纹饰的扁方形撑弓,即在撑弓中部鱼身部分以几何线条分隔出一块区域,其内表现花鸟瑞兽或戏曲人物,鳌鱼纹环绕四周。这种以鳌鱼纹为附属纹饰的撑弓,为扁方形撑弓最为常见的类型。根据中心图案雕刻手法的不同,又可将以鳌鱼纹为附属纹饰的扁方形撑弓分为中心图案浮雕与中心图案圆雕两类。

多数以鳌鱼纹为附属纹饰的扁方形撑弓,其中心图案使用的是浮雕手法,即在扁方形撑弓的两个侧面分别雕刻浮雕图案。通常两个侧面的图案是不相同的。有些雕刻更为复杂的扁方形撑弓,则充分利用木料的厚度,使用圆雕手法处理中心图案,而

（a）云阳县南溪镇郭家大院

（b）江北区五宝镇四甲湾民居

（c）渝中区谢家大院

（d）江北区鸿恩寺文化园郑家院子

（e）巴南区南泉街道彭氏民居

（f）潼南区双江古镇杨氏民居

图 12.20 圆柱形撑弓

鳌鱼纹作为附属图案分别浮雕在两个侧面。此种样式结合了圆柱形戏曲人物撑弓的造型特点，是扁方形撑弓中工艺较为复杂的一类。例如，潼南大佛寺观音殿的一组扁方形撑弓，其撑弓的中心部分为圆雕的上下两层戏曲人物，不管从雕刻技法还是造型构图上，此部分都与圆雕戏曲人物撑弓极为类似。而鳌鱼纹则以浮雕的形式雕刻在撑弓的两个侧面[图12.22（f）]。

综上可以看出，重庆扁方形撑弓是由明代从长江中下游传入的鳌鱼纹撑弓不断演变发展而来的，鳌鱼纹传入重庆后经历了一个由写实到抽象的演变过程，最后甚至演变为高度抽象的回字纹。而与此同时，扁方形撑弓中心部分被分隔出独立区域，用于表现戏曲人物或花鸟瑞兽等主题，而鳌鱼纹仍作为附属图案出现在撑弓的其他部分。

（3）三角形撑弓

三角形撑弓是重庆木雕撑弓中比较特殊的一个种类，无论在数量上还是在使用的广泛程度上都不及其他两类。三角形撑弓的形态与纹饰同扁方形撑弓有着极强的相似性，扁方形撑弓所在的挑枋与柱间留有一个三角形的空间，而三角形撑弓所在挑枋与柱间却没有这个空间。除此之外，两者并无太大差别，两者皆为扁平形态，两者的纹饰也皆以鳌鱼纹或变形的鳌鱼纹为主，有的还以花草瑞鸟进行装饰。还有一个值得关注的现象是，在三角形撑弓常见的地区，便很难找到扁方形撑弓，三角形撑弓取代了扁方形撑弓在民居与寺庙附属建筑中的位置。据考证，三角形撑弓的源头仍是扁方形撑弓。潼南区双江古镇是使用三角形撑弓较为集中的一个地区（图12.23）。

（4）其他形状撑弓

除了上述3种类型的撑弓之外，还有一些其他形状的撑弓，大都不作繁琐的雕刻修饰，但造型独特，其装饰点缀作用远大于承重作用（图12.24）。

总之，撑弓是由双挑或三挑出檐最下层的挑枋演化而来的，其结构合理性远大于双挑或三挑。根据形态可以将重庆木雕撑弓分为圆柱形、扁方形、三角形以及其他形状四大类型。其中圆柱形撑弓的源头是明代倒挂瑞兽样式撑弓，而根据雕刻的题材又可分为瑞兽花草与戏曲人物两大类。扁方形撑

（a）左侧

（b）右侧

图12.21　圆雕狮子滚绣球撑弓（云阳县张飞庙）

弓的源头是明代的鳌鱼纹撑弓，而根据其纹饰的特点，可分为鳌鱼纹和以鳌鱼纹为附属纹饰两大类。三角形撑弓则是扁方形撑弓在个别地区的演变发展。此外，撑弓的装饰手法还不仅仅局限于雕饰，有的在色彩上也有所处理，采用彩绘或贴金箔的方式起到重要的点缀作用。撑弓的使用也很考究，在宅院和祠庙会馆中，不同房屋的撑弓雕饰题材不同，尺寸和式样也不同，从中能反映出房屋的主次关系，即便是同一房屋，前檐与后檐，正间与次间，梢间和尽间，撑弓至少在雕饰的细节上也有所区别。

12.1.3 屋身装饰

屋身是檐部以下台基以上的部位，也是民居建筑装饰的重点区域之一，关注点主要包括大门、影壁、门窗、栏杆和柱础等。

1）大门

这里的"大门"指的是全宅大门或院门，在建筑立面中最为突出显眼。在合院式民居中又叫头道朝门或头道龙门，简称大朝门，大户人家还要设二

（a）渝中区谢家大院

（b）江津区塘河古镇石龙门庄园

（c）涪陵区青羊镇四合头庄园

（d）九龙坡区走马古镇孙家大院

（e）永川区松溉古镇罗家祠堂

（f）潼南区大佛寺观音殿

图12.22 扁方形撑弓

道朝门，又叫二道龙门；在非合院式民居中，大门应该指的是堂屋大门。由此可见，大门既可以是相对独立的建筑物，又可以是房屋中的一部分。

鉴于门第观念的重要性，对大门的造型和式样十分重视，它好像是这个家庭的一枚徽章，一张有代表性的脸。大门的规模、形式、色彩、装饰可具体地反映出户主的社会地位、经济基础和文化取向，它是"门第"高低即宅院地位等级的标识。在古代盛行的风水术中，也以大门的坐宫卦位决定户主的祸福凶吉，因此各家主人皆很用心地经营自己的入口建筑，大门成为民居中重点加工的对象。传统民居的大门在一定历史时期皆有程式化的倾向，往

（a）潼南区双江古镇杨氏民居

（b）潼南区双江古镇四知堂

图 12.23　三角形撑弓

（a）酉阳县龚滩古镇

（b）酉阳县天馆乡谢家村

图 12.24　其他形状撑弓

往形成定式系列，以适应门第高低等用户的需求。归纳起来，重庆民居大门不外乎可分为合院式民居大门和非合院式民居大门。

（1）合院式民居大门

合院式民居大门主要是指四合院、天井院以及有围墙的三合院的大门，可简称为院门，主要包括以下4种类型。

①宫室式大门

这类门制规模较大，一般为3~5间，五檩架。大门安置在明间，前面留出宽大的檐廊，开间广阔，雕饰繁多，一般都设有值班房。例如，巴南区彭氏民居的大门就有三个开间，面阔10.15 m，进深5.8 m，通高6.4 m，气派雄伟。不过大门前没有宽广的檐廊，而是设计为比较开阔的八字形门斗空间，前檐有轩棚、撑弓以及窗花，很有地域特色（图12.25）。

②屋宇式大门

一般为单间、五檩架。门屋的前后檐皆有一定的开敞空间，门前可停留避雨，门内可供仆役执勤。该类型大门多与庭院的倒座房（如戏楼）连建，如

潼南区双江古镇杨氏民居院落的大门，以及荣昌区路孔古镇赵氏宗祠的大门（图12.26）。

③门楼式大门

一般为单间，进深较浅，多独立地设在四合院外围的院墙上，有时也与四合院的倒座房（如戏楼）连建。有时还配石狮一对，以壮气势。在重庆地区，门楼式大门又可分为朝门式大门和牌坊式大门。

朝门式大门：可简称朝门或龙门，在渝东南地区称山门、寨门（图12.27）。大多为前檐高、后檐低的穿斗式挑檐悬山顶，为重庆地区合院民居的一种主要形式。有的比较简洁，每榀屋架只有一柱；有的比较雄伟壮观，每榀屋架有4~6步架，这种朝门大多使门的两侧向外敞开倾斜成八字形，两侧安装木板壁或照壁图案的砖墙、石墙。这种八字朝门不但门庭宽敞，而且形式活泼，有迎纳宾客之意，一般庄园或大宅院喜欢采用此种形式。另外，朝门式大门装饰的重点还有屋顶、挑檐、额枋、门簪、抱鼓石等。

牌坊式大门：是一种华丽的形式，其基本造型就是两柱或四柱牌楼形式，既有木结构的，也有

图 12.25　宫室式大门（巴南区南泉街道彭氏民居）

221

砖石结构的，在重庆地区以砖石结构为主。门扇坐中，两边为实体照壁墙。额枋上布满装饰，脊花脊兽形式多样，极富装饰性。屋顶有的呈两重或三重檐的错落形式，如铜梁安居古镇的天后宫与湖广会馆、云阳彭氏宗祠老屋的重檐牌楼，以及长寿聂

氏宗祠和梁平双桂堂（图12.28、图12.29）。甚至有的为曲线形的封火山墙形式，如走马镇孙家大院的牌楼门。该大门上端中部有一个圆形镂空花窗，一大八小，布局均衡对称，类似西方教堂花窗式样，具有典型的中西合璧风格[图7.37（a）]。

（a）潼南区双江古镇杨氏民居

（b）荣昌区路孔古镇赵氏宗祠

图 12.26 屋宇式大门

（a）黔江区阿蓬江镇草圭堂

图 12.27 朝门式大门

（b）酉阳县苍岭镇石泉苗寨上寨寨门

（c）沙坪坝区张治中旧居（原三圣宫）

④贴墙式大门

该类型大门是在墙上开设门洞，围绕门洞紧贴墙面建造一些装饰性的构造，以显示宅院入口的重要性。因这种大门的装饰部位低于墙顶，所以产生贴建的感觉。门内可以接建屋宇，也可以是单面院墙。有的贴墙式大门进行了装饰，而有的却没有。经过装饰的贴墙式大门，其装饰题材主要取材于牌坊、垂花雨罩、挑檐雨罩或简单门框式样，因此就形成相应的牌坊式贴墙门、垂花雨罩式贴墙门、挑檐雨罩式贴墙门等。这些装饰题材多有夸张与变形，仅取其意而已（图12.30）。

（2）非合院式民居大门

非合院式民居大门主要是指"一"形、"L"形平面民居建筑的堂屋大门，主要包括以下2种

图 12.28 牌坊式大门（一）（云阳县凤鸣镇彭氏宗祠老宅）

（a）长寿区晏家街道聂氏宗祠

（b）梁平区双桂堂

图 12.29 牌坊式大门（二）

类型。

①门斗门

这是较为普通的形式，即在入口位置向后退进深1~2个步架，形成一个凹廊（门廊），檐枋额枋略有雕饰，门洞较大，多为双扇板门，简洁朴素而又经济大方。但在渝东南地区，有的堂屋不装门，仅仅后退1~2个步架，形成一个半开敞的灰空间（图12.31）。详见第8章。

②非门斗门

这是最为普通的形式，就是直接在檐下的墙上开洞，无需后退门洞位置形成单独的门廊，只不过在檐枋额枋上略有雕饰，门洞较大而已。多为双扇板门，简洁朴素而又经济大方（图12.32）。

此外，在重庆地区，有的民居建筑为了防止牲畜及外人闯入房间内，还特意在堂屋大门或侧门附设安装腰门，又称半截门。有的似栅栏，有

（a）渝中区广东公所

（b）巴南区南泉街道彭氏民居侧门

（c）江津区石蟆镇清源宫

（d）巴南区丰盛古镇

图12.30 贴墙式大门

（a）城口县高楠镇方斗村

（b）酉阳县苍岭镇石泉苗寨

图12.31 门斗门

（a）忠县复兴镇水口村

（b）涪陵区大顺乡

图12.32 非门斗门

图12.33 腰门（巴南区石龙镇）

的为实心，高度为大门的一半左右，多为双扇，平时关上。虽形式简易，但也很有装饰性和生活情趣（图12.33）。

　　不管是院门还是堂屋大门的装饰，不外乎从以下三个方面着手。门扇及其周围的附件：包括门槛、门框、门簪、门环、门扇外皮、门枕石等；门罩或门楼：包括牌坊式、出檐式等门罩形式以及门楼屋顶及挑檐部分；门口：包括周围的墙壁、山墙、封火墙檐口、墀头等。装饰的重点在门顶及门罩的造型以及细部的雕刻与彩绘。有的比较隆重，讲究的做法是设平直或八字形的内外照壁，门两侧安设抱鼓石、石狮等（图12.34、图12.35）；大门挑枋、额枋施以彩绘，门簪刻吉祥图案或乾坤卦象符号；大门双扇画有门神图像，甚至贴金彩绘，气势非凡。

　　例如，门簪是大门的一个构件，犹如大木的销钉，用于将门扇上轴所用的连楹固定于门框之上，一般多为两枚成对，宅门较大时多用四枚固定。门簪形式多样，既有圆形、方形，也有六角形、八角形，甚至还有动物造型样式，其正面通常有各类植物花卉等图案雕刻，图案间还常刻有"吉祥如意""福禄寿德"等祈福字语（图12.36）。

2）影壁

谈到院门，则不能不介绍影壁，因为它是配合院门入口设计的组成部分。影壁也称照壁，起着围合空间，遮挡视线的实际功能，但同时也赋予它显示门庭、趋吉避邪的精神功能，因此常作为宅前重点装饰的主要小品设施。一般有3种形式：一是在宅前大门对面独立设置，与大门围成一门前小广场空间，影壁形式多为一字形；二是在大门两侧墙上设置；三是在大门后单独设置或墙上设置，单独设置的称独立影壁，依靠厢房的山墙而建的称坐山影壁。影壁做法通常是：下部为基座，有的为石须弥座形式，有的为石刻线脚形式；上部多为砖砌，中为壁心，常有寓意吉祥富贵的砖雕图案，或有"迎祥""福""寿"等字的吉祥语句；顶部做砖檐压顶形式或歇山、悬山式屋顶形式，也有丰富的雕饰或彩绘。在民居装饰中影壁占有相当重要的地位，既生动活泼又稳重大方，工艺制作都较精良（图12.37）。

总之，影壁的美学价值就是遮丑露美，吸引人们的视觉注意。壁体中心可以用文字题刻，亦可用图案雕刻或磨砖素壁，再配以盆栽、顽石，形成立体的画面，使墙壁艺术化、人情化。

3）门窗

为了区别于前述的"大门"，这里"门窗"所指的"门"应是"门扇"。因此，门窗主要包括门扇与窗两大部分。

图12.34 大门前石狮（铜梁区安居古镇湖广会馆）

（a）大门左侧

（b）大门右侧

图12.35 大门前简化的抱鼓石（云阳县凤鸣镇彭氏宗祠老宅）

（1）门扇

根据式样可把门扇分为板门、框档门、格门、屏门等类型。

①板门

板门又叫实拼门、五路锦一面镜式门或鼓皮式门，即单扇或双扇门的正面门板为光平如镜的素面，

背面露出门框五六路，是最简洁而普通的做法。其最大的特点是不透光，质地坚固，防御性强，一般用作院门、堂屋大门、后门或侧门（图12.38）。

②框档门

框档门是以木质门框镶钉木板而成，较实拼门轻巧，坚固性稍差，多用于建筑内部厅室，也可用于

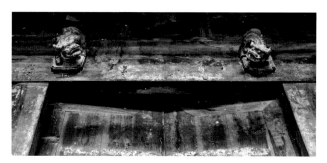

（a）石柱县河嘴乡谭家大院

图 12.36　门簪

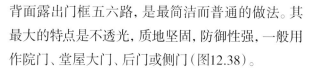

（b）巴南区南泉街道彭氏民居

（a）南川区石溪乡王家祠堂

（b）潼南区双江古镇杨氏民居

（c）九龙坡区走马古镇

图 12.37　影壁

（a）江津区中山镇龙塘村荣庐庄园

（b）酉阳县龚滩古镇西秦会馆

（c）酉阳县苍岭镇石泉苗寨

图 12.38　板门

图 12.39　框档门（酉阳县龙潭古镇）

大门（图12.39）。

③格门

格门又称格扇（同隔扇）、格扇门、格子门，即通常用门边及门档装成五路锦式，也就是清式"六抹头格扇门"，即自上而下被分割成上绦环板、格心（也叫窗心）、中绦环板、裙板和下绦环板5个部分。相对简化的有五抹头、四抹头、三抹头格门。格门上部为格心，下部做格板，兼具门和窗的功用，装饰性最强。从某种程度上讲，格门也叫落地窗。格心图案十分丰富，窗的式样也很多，如格子窗、圆窗、菱形窗等，上、中、下绦环板与裙板也有精致的浮雕图案。上空下实，轻盈精致，广泛应用于内部厅室以及堂屋大门等处。格门常以偶数出现，按门

扇的多少及组合方式，格门一般又可分为三关六扇（格）门（图12.40）、四扇格门（图12.41）、两扇格门等不同类型，常见的为六扇或八扇。

三关六扇门，常用于堂屋及花厅的前面，寓意"六合门"，即将面宽分为三部分，中间一组为双扇板门或格门，左右两组为两扇格门，组与组之间安门枋，门扇可依托两侧门轴转动。因此，三关六扇门可分为三关六扇格门、三关六扇板门。平时只开中间两扇，其余门扇以门闩固定，遇有重要节日、亲朋集会时，才将整个厅堂敞开。

格扇门通常包括格心、绦环板、裙板等部分，根据大小可随宜调整。在同一组格扇门中，规格大小相同，但上部格心、绦环板等部位的图案又可以有所变化，有的每扇门扇图案不同，各自成组，差异中求均衡；有的以中间两扇成组，形成一个完整图案，两侧门扇使用另一组图案，左右对称，构成一个明显的视觉中心；还有的是中间两扇图案相同，其余各扇自成一组。

④屏门

屏门主要用于朝门或正厅，以隔内外，但平时不用，而在屏门左右两旁另设折门出入。屏门与折门常配套设置，大多为板门式样，工艺较讲究。也有上部镂空的，可能是后来改造所致，如潼南区双江古镇杨氏民居、江津区四面山镇会龙庄、万州区长岭镇良公祠等（图12.42）。

（a）酉阳县苍岭镇石泉苗寨

（b）酉阳县沮溪镇大板村皮都古寨

图 12.40 三关六扇格门

（c）万州区长岭镇良公祠

图 12.41 四扇格门（渝北区龙兴古镇）

（2）窗

窗字古写为囱，《说文解字》释："在墙曰牖，在屋曰囱"，即牖专指开在墙上的窗，囱是开在屋顶上的窗。现在的窗字是由囱字演化而来的。从汉明器及画像砖上可以看出，当时已经出现了正方和斜方格或直棂的窗格。由于窗棂的支撑，窗的开口面积大大增加，在窗棂上可以方便地裱糊织物。窗棂的出现是窗发展史上的一大进步。

窗的种类很多，是民居建筑装饰艺术中表现最集中、最丰富、最生动的部位。它的艺术表现形式同采光通风功能紧密结合。在当时条件下很少用玻璃，而是用白纸或绫绸糊窗，所以窗棂较密。有些不能开启的窗，通风采光性能较差，但色彩对比鲜明，花格图案突出，生动有趣。有的窗采用白云母薄片贴窗花格，既为装饰又兼透光，但造价不菲，是一种昂贵考究的做法。

①按功能分类

风窗：北方称横披窗，通常处于厅堂落地门扇或耳房隔断的上部。不能开启，只是固定的漏空花格，能起到很好的通风作用（图12.43）。

开启窗：即槛窗，下有槛墙，可为砖，也可为板壁，厢房多用。其做法类似格门，自下而上由下绦环板、窗心、上绦环板组成，均可装拆，取下后，房间即为敞口厅。临街的开启窗可以作为售货的窗口（图12.44）。

支摘窗：南方称和合窗、提窗副窗，分上、下两段，下半段为固定窗，南方称提窗；上半段为开启窗，南方称副窗，可以上旋提起打开。多用于卧室、书房等日常生活起居要求较高的房间（图12.43）。

落地窗：又称格扇（隔扇）、格门、格扇门、格

子门等，是窗与门二者功能的有机统一。落地窗可作房间之分隔，以开启扇作房门。落地窗也可代替围合墙，当全部开启时，室内外空间全部贯通，非常开敞明亮（图12.45）。

卡卡窗：多用于正堂厅房左右次间，尺寸较大，一般不开启，卡紧在枋子上，故名之。但也可在窗侧安横轴，如中悬窗，可上下翻转开闭，又叫"翻天印"窗。

漏窗：通常指在墙体上开的漏空花窗，是中国园林与传统民居外墙或围墙上最常见的一种窗的形式。其外框有圆形、方形、菱形或众多变异形状。窗心的漏空部分或用砖块、瓦片组砌，或用砖雕、石雕漏空，或用木格、泥塑做成各种装饰图案，使得漏窗形式极其丰富（图12.46）。

空窗：即在墙上开洞，不设窗花。洞口形状有

（a）江津区四面山镇会龙庄

图12.42　屏门

（b）万州区长岭镇良公祠

（a）风窗（涪陵区青羊镇四合头庄园）

图12.43　风窗与支摘窗

（b）支摘窗（渝北区龙兴古镇）

方形、圆形或扇形，洞中心与人的视线同高。人们可透过空窗观景，即所谓"空窗不空"，以此达到框景、借景的目的。

什锦窗：实为空窗或漏窗的组合，窗洞有圆、有方、有六角、有八角，或扇形或桃形，形状变化丰富，且沿墙成组成列布置，能起到很好的框景、点

（a）

（b）

图12.44　开启窗（黔江区濯水古镇）

（a）渝中区谢家大院

（b）渝中区尚悦明清客栈

（c）奉节县白帝城

图12.45　落地窗

景作用。

牖窗：由于传统的"财不外露""暗屋聚财"等观念与安全防范的需求，民居房间主要靠内院采光通风，外墙特别是侧墙上，只开特别窄小窗洞，既利于防盗，又起到通风和采光的作用，这里姑且把这种窗户单独列为一类，称为"牖窗"（图12.47）。

盲窗：又称哑窗，是一种装饰性的假窗。其做法与普通漏窗无异，有木制、瓦叠或砖砌。只不过是完全封闭，并没有通风采光功能（图12.48）。

落地罩：是隔扇的变异形式，它是两端固定的隔扇与顶部的挂落（又称楣子）组合成"∏"字形的隔断，用以分隔室内空间。落地罩的变种很多，

或作落地明罩，即取消裙板，将格心一通到底；或作月洞落地罩，即做成圆洞门式隔断；或作屏风式落地明罩，使室内空间美观又通透。

②按材料分类（图12.49）

木窗：这是民居建筑中最常用的部件。窗框常用杉木制作，不易变形。精细的棂格和透雕的格心，以及浮雕的绦环板和裙板等，通常选用不易干裂、不太硬，又便于雕刻的木料，如柚木、银杏木、椴木、樟木等。

砖砌漏窗：就是用青砖、红砖等叠砌出各种漏空形式。

瓦砌漏窗：利用小青瓦或红板瓦的弧度，两片

（a）梁平区碧山镇孟浩然故居

（b）开州区中和镇余家大院

（c）云阳县凤鸣镇彭氏宗祠老宅（一）

（d）云阳县凤鸣镇彭氏宗祠老宅（二）

图12.46 漏窗

对扣形成花瓣,可以组合成多种图案和样式。

石雕漏窗:有的用条石组砌而成,有的用整块青石镂空雕刻而成,图案精致,对比强烈,可谓巧夺天工。

琉璃漏窗:使用不同图样的成品琉璃花饰组砌成的漏窗。

灰塑漏窗:以铁丝为骨架,灰塑各种花卉、动物、器物的漏窗。

其他材料制作的漏窗:如陶制、竹制漏窗以及瓷瓶漏窗等。

③按风格分类

在重庆地区,中式风格的窗占绝大比例,但因外来文化的影响,也有极少数的窗为西式风格或中西合璧的风格(图12.50、图12.51)。

（3）门窗纹饰

门窗的装饰艺术主要表现在窗心或格心的花饰和图案,因此窗心或格心是最能体现图案美的装饰部位,大面积的建筑立面被组织统一的图案所占满,形成织物般的纹饰,显现出构造美学的魅力,成为民居建筑的一大特色。

门窗的装饰纹样可分为几何纹饰、汉字纹饰和雕刻纹饰三大类。

①几何纹饰

几何纹饰可分为直线形与曲线形两种。

a.直线形几何纹饰(图12.52)

条纹形:由平行的直线竖棂构成,即常见的直棂窗,是我国最古老的窗格样式。

柳条形:由条形纹演变而来,它以平行直线竖

（a）渝中区重庆湖广会馆

图 12.47 牖窗

（b）酉阳县龙潭古镇吴家院子

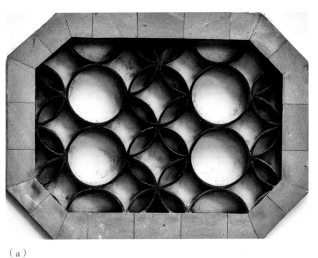

（a）

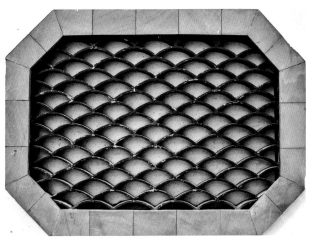

（b）

图 12.48 盲窗（渝中区中山四路某围墙）

棂为主,上中下加少数横棂构成。

回形纹:又称雷纹或涡纹,直线按回字形回旋,其形延绵不绝,寓意薪火相传,延绵不断。

方胜纹:又称宫式纹,"胜"是胜利,是强者。方胜纹是由两个斜方菱形套接而成,也可用大小菱形套接组合,既有规律,又有变化,寓意吉祥福寿,延绵不断。

盘长纹:横竖直线沿九宫格盘行缠绕,形似中国结。寓意长久不断,长寿无穷,为老百姓喜闻乐见。

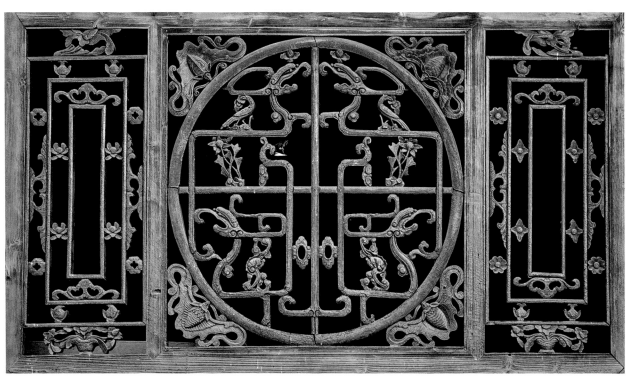

(a)木窗(秀山县清溪场镇大寨村)

（b）石雕漏窗（涪陵区四合头庄园）

（c）石雕漏窗（万州区良公祠）

（d）灰塑漏窗（石柱县谭家大院）

（e）灰塑漏窗（潼南区四知堂）

（f）瓦砌漏窗（沙坪坝区张治中旧居）

（g）砖砌漏窗（梁平区观音寨）

图 12.49　不同材料类型的窗

（a）山墙面

（b）院内

（c）窗细部

图 12.50　中西合璧式窗（万州区罗田镇金黄甲大院）

万字纹：这个"卍"在新石器时代的陶器中就出现了。以后作为明确的标志符号，可能与佛教有关。到武则天时才确定其读音为"万"。万字可以是直线形，也可以是曲线形。多个万字可组合成带状的二方连续或块状的四方连续，成"万字流水""万字不到头"。其寓意是延绵不断，长寿无穷。"卍"字可正置，可45°斜置，亦可斜置拉长成菱形万字，变化无穷。

方格纹：有正交方格与斜交方格之分，方正简洁，最为常见。

龟甲纹：也称龟背锦，由方形、八角形套接形成的似龟甲的图案，寓意吉祥长寿。

菱形纹：是斜交方格的变形，形似菱角。其组合图案相依相护，绵绵不断，寓意子孙满堂，代代相传。

黻亚纹：横竖棂仿吉祥"亚"字组合，又称亚字纹，寓意明辨是非，善恶相背。

冰裂纹：又称冰竹纹，即仿冰面龟裂的纹样，

（a）荣昌区天主教堂

（b）大足区石马镇跑马教堂

图 12.51　西式窗

系由直线交织而成,是窗格中常用的由大大小小不规则多边形构成的图案。自由活泼生动,便与各种异型图案的窗框组合,寓意平安。

以上不过是常见的窗格图案的基本形式,由此可组合成多种图案,如直棂、方格纹等很容易组合出灯笼锦、风车锦、席纹锦、步步锦等,如果再加

（a）柳条形（巴南区石龙镇）

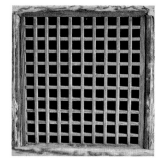

（b）方格纹（武隆区平桥镇红隆村）

（c）龟甲纹（沙坪坝区磁器口古镇钟家院）

（d）黻亚纹（酉阳县龚滩古镇）

（e）龟甲纹（上）与菱形纹（下）（酉阳县板溪镇山羊古寨）

（f）冰裂纹（黔江区黄溪镇张氏民居）

（g）回形纹（酉阳县板溪镇山羊古寨）

（h）回形纹（石柱县临溪镇新街村）

（i）回形纹（云阳县张飞庙）

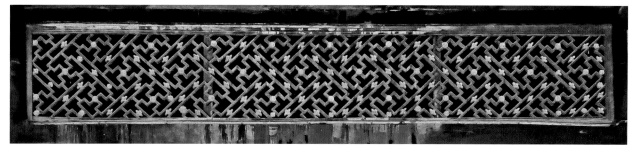

（j）万字纹（巴南区南泉街道彭氏民居）

图 12.52　门窗直线形几何纹饰

上斜棂，又可变换出无数种花样（图12.53）。

b.曲线形几何纹饰（图12.54）

波纹：是自然界中水波的图案化，有竖向波纹与横向波纹两种。在窗格中常与其他装饰纹样组合使用。

铜钱纹：也称套钱纹、套环纹，即圆环形错位套叠组合，呈铜钱状。它吻合了祈福求财、生活富足的心愿。

柿蒂纹：形如柿蒂曲线形图案，"柿"与"事"谐音，寓意事事如意。

曲线形还可以组合变化出各种花瓣、卷草图案，形式多样。直线形与曲线形图案在窗格中还经常混搭组合，构成更丰富的混合型几何图案。

几何纹样来源于自然，属于抽象的图案，表现出的是线条的平面构成，其寓意不是那么直白、浅显。但它整齐有序，富于韵律节奏，当它作为联排的

（a）灯笼锦（渝北区龙兴古镇）

（b）步步锦（秀山县清溪场镇田家大院）

图12.53　门窗灯笼锦与步步锦纹饰

（a）铜钱纹（秀山县海洋乡坝联村）

（b）柿蒂纹（忠县花桥镇东岩古寨）

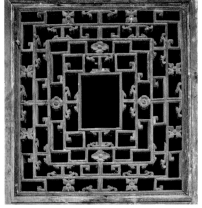

（c）柿蒂纹（石柱县河嘴乡谭家大院）

（d）曲线回形纹（秀山县海洋乡坝联村）

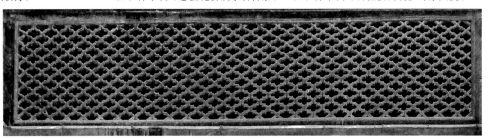

（e）波纹（巴南区南泉街道彭氏民居）

图12.54　门窗曲线形几何纹饰

门窗格心时,大面积的装饰图案具有强烈的视觉冲击力和感染力。在窗格装饰的图–底关系中,它又很容易成为"底"来衬托作为"图"的雕饰与图案,从而丰富了窗户格心的层次,突出了要表现的重点与主题。

②汉字纹饰

汉字有象形、会意、形声和指事4种构成方式,所以把它作为装饰时,更方便以图案化的形式来表现。虽然在门窗装饰中有的把汉字、诗词、对联直接雕刻装点在格心中,但更多的是巧妙地使汉字图案化,通过艺术处理使汉字的形态更加美观,使它与周边的图案协调、和谐,不仅突出了格心的装饰性,而且增加了它的趣味性、生动性。如万字图形,若将直线变成曲线,外围套上环形,则可演变成八卦太极两仪纹,民间认为它威力强大,可以镇恶压邪。在字意方面很注重要表达吉祥安康之意,多用福、禄、寿、喜、吉、安、和、全等字。此外还有用诗词、对联、格言、警句等作门窗装饰的(图12.55)。

③雕刻纹饰

a.动物纹饰

将禽兽鱼虫等动物的形象写实或简化作为装

(a)"喜"字窗花(万州区长岭镇良公祠)

(b)"福"字窗花(石柱县河嘴乡某民居)

(c)"互助–桐轩–博爱"字窗花(渝中区鹅岭公园)

图12.55 门窗汉字纹饰

（a）黔江区黄溪镇张氏民居（一）

（b）黔江区黄溪镇张氏民居（二）

（c）酉阳县苍岭镇石泉苗寨（一）

（d）酉阳县苍岭镇石泉苗寨（二）

（e）酉阳县苍岭镇石泉苗寨（三）

（f）酉阳县苍岭镇石泉苗寨（四）

图12.56 门窗动物纹饰（一）

饰图样，最为常见的是瑞兽。

龙纹：龙作为中华民族的神兽，民间仍大量采用，只不过避开五爪龙，改用四爪龙、夔龙或草龙。

凤凰纹：凤凰是传说中的瑞鸟，雄曰凤，雌曰凰。

麒麟纹：麒为雄，麟为雌，民间传说它是仁义之兽，是给人子嗣的吉祥灵兽。

狮纹：在古印度狮子作为佛教的吉祥动物，比喻佛教的威严。传入中国后被中国化，即化刚为柔，既威武又面善。基于它勇猛的天性，故被赋予守护的使命。

虎纹：老虎具有驱邪镇煞的神力，借其威武勇猛作为镇宅之物来保佑安宁。

还有其他动物在门窗纹饰中也常见，缘于谐音，取其吉利祥瑞之意，如鸡通"吉"，羊通"祥"，蝙蝠通"福"，鹿通"禄"，鲤通"利"，鲶通"年"，鱼通"余"，蜂、猴通"封侯"。缘于会意的如鹊谓喜；鸳鸯示夫妻恩爱和美；鹤示长寿；孔雀是文禽之长，是祥瑞、高贵、权势的象征（图12.56、图12.57）。

b.植物纹饰

植物纹饰也是门窗装饰中常用的图案，以写实为主，主要出于谐音和会意，主要有：牡丹，为富贵、昌盛、幸福的象征；菊花，为吉祥长寿之意；莲花，圣洁的象征；宝相花，一般以牡丹、菊花、莲花为主体，各种花叶为陪衬，组合成团花图案，为富贵吉祥的象征；还有水仙通"仙"，橘子通"吉"，松意长生不老，竹意君子，梅意佳人，桃意长寿，石榴意多子。此外，以图案化的花叶卷草作为花卉的陪衬也是常用的手法（图12.58）。

c.自然物纹

自然物纹指的是大自然中除动植物之外的天地万象，如雪花纹、水波纹、云纹、冰纹、假山叠石等。在门窗浮雕板中运用较多的是山水风景画的题材，其构图、布景、一招一式，无不体现同时代山水画的风格。

d.神仙人物、戏曲故事图饰

此类雕饰通常会配合窗扇、格扇的数量来设计，如四片窗（格）扇选"渔樵耕读"，八片窗（格）扇选"八仙"，更多窗（格）扇配"二十四孝"故事等

（如涞滩古镇）。神仙人物题材出现最多，主要包括：如寿星、财神、和合二仙、祈福天宫、钟馗、十八罗汉等；历史人物类：如思想家孔子、老子，文学家苏东坡，诗人李白，书法家王羲之等；文学人物如《三国演义》中的刘、关、张，《水浒传》中的一百单八将以及红楼十二钗，聊斋故事中的鬼神等。民俗及戏曲故事题材更加丰富：如"桃园结义""岳母刺字""嫦娥奔月""钟馗捉鬼""刘海戏金蟾""八仙庆寿"等。这些是老百姓喜闻乐见的，是封建礼教生动具体的教材（图12.59、图12.60）。

e.器物图饰

器物包括木几家具、文房用品、珠宝玉饰、剑

（a）秀山县孝溪乡上屯村

图12.57　门窗动物纹饰（二）

（b）酉阳县南腰界乡老街

（a）梁平区碧山镇孟浩然故居

（b）巴南区石龙镇老街某民居

（c）江北区五宝镇四甲湾民居

（d）秀山县清溪场镇南丘村田家大院

图12.58　门窗植物纹饰

戟棋盘、笙磬弦琴、瓷瓶花缸、什锦果盘、香炉盆景、油灯熏炉等博古杂宝。此外，佛具、八吉祥（法轮、法螺、宝伞、华盖、莲花、宝瓶、金鱼、盘长）、暗八仙（汉钟离的小扇、吕洞宾的宝剑、张果老的渔鼓、曹国舅的玉板、李铁拐的葫芦、韩湘子的紫箫、蓝采和的花篮、何仙姑的荷花）等也是门窗雕饰中常见的题材。通常将写实的器物作图案化的处理，组合在画面之中，并取谐音，以求吉祥。如炉通"禄"，扇通"善"，瓶通"平（安）"，磬通"庆"，戟通"吉"，笙通"升"，象通"（宰）相"等，都是为了趋吉避凶。

以上三类纹饰的组合运用是最常见的，其寓意常通过谐音和借喻表达出来（图12.61）。如以戟、磬、如意组图，象征吉祥、欢庆和多福多寿；以喜鹊与梅梢组图，寓意"喜上眉梢"；以寿石、菊花、猫

与蝴蝶组图，谓之"寿居耄耋"。从装饰纹样的寓意可以看出，它不仅仅出于形式美的考虑，而是更加注重其象征意义，体现了人们渴求吉祥降临，追求幸福生活的美好憧憬，正所谓"有图必有意，有意必吉祥"。因此，通过民居建筑窗饰纹样的探索，可以获得许许多多的信息，了解其深厚的文化内涵和鲜明的民族艺术特色。

积极健康的吉祥文化可以助人向上，加强民族的凝聚力，有利于社会的和谐。正是它反映了大众的心理，满足了世俗的一种需要，因此，民居建筑窗饰中的吉祥图案是时代环境的写照，它体现了时代的、民族的、地域的文化精神和审美意向，是在封建时代、封建伦理道德观念指导下的人与人、人与自然关系的形象展现，具有鲜明的民居文化艺术特色。

（a）　　　　　　（b）　　　　　　（c）　　　　　　（d）

图 12.59　门窗人物图饰（巴南区石龙镇放生塘覃家大院）

4）栏杆

民居中的栏杆常用于正厅或敞厅的左右间以及挑廊之上,不但具有装饰作用,而且还对建筑有围护作用。栏杆大多为木制、石制或者砖制,有的中间有柱,称望柱。望柱断面有方形、圆形或多瓣形(瓜楞)等不同形状,柱头大多有雕饰,一般为球形、南瓜形、金瓜形或莲瓣形等。柱间有的安装镂空的栏杆,有的安装实心的栏板,并常常施以各种吉祥纹样(图12.62、图12.63)。根据造型,栏杆可分为直栏杆和花式栏杆两类。

（1）直栏杆

直栏杆使用较为普遍,根据截面形状的不同可以分为方楞式和雕花式两大类。方楞式直栏杆无多余装饰,加工简单,棂条截面呈正方形或长方形,宽度50～70 mm,边间距约100 mm,朴素大方;雕花式直栏杆由于雕刻方式的不同,可分为立体式与平面式雕花栏杆。立体式的棂条截面呈圆形,可兼顾多角度的观赏,有的还旋出各种西洋瓶式花纹,叫作签子栏杆,为清末从沿海一带传入;平面式的棂条截面则为矩形,主要考虑正面观赏角度,整体效果略逊于立体式。

（2）花式栏杆

花式栏杆制作较为复杂,多安装于外廊等突出位置,装饰效果较好,根据柱距的不同而有不同的构图形式,或成一整体图案,或等分为几个单元进行组合构图。出于安全需要,花式栏杆的棂条比门窗棂条要粗些,多以直径为20～30 mm的细木条组合成"万"字纹、"囍"字纹或"亚"字纹等吉祥寓意的图案。有的民居建筑不用漏空的栏杆,而是直接用整块木板围合而成,并在上面施以各种彩绘或浮雕,美观大方。除了木栏杆外,还有石栏杆和竹栏杆。石栏杆的做法是用条石横置于小石柱上,简单朴素,讲究的做石栏板,施以线刻,也可有

（a）

（b）

（c）

（d）

图12.60 门窗戏曲故事图饰（梁平区碧山镇孟浩然故居）

复杂的图案雕饰（图12.64）；竹栏杆是用粗细竹竿绑扎而成。

重庆地区还有一种使用较为广泛的华丽栏杆，那就是鹅颈椅，俗称美人靠，由曲木靠背、坐凳面等主要构件组成，俗称栏凳（图12.65）。

5）柱础

柱础是在柱下的石脚，用石材将柱垫起，避免柱脚因水湿或脚踢等损坏腐朽。柱础在重庆又被称作"磉墩"。柱础多作鼓形、扁鼓形、覆莲形，也有方形、六角形、八角形等，或在扁鼓下加四、八方棱柱，或由几种方式组合成"三段式"，如最下面是方形，中间是八角形，最上面是圆鼓形。有的还加须弥座以增高柱础，适应多雨潮湿气候。柱础表面刻有各种动植物、花卉图案或人物故事，精雕细刻，形象生动。有的将柱础尺度加高，面刻各种富有文化内涵的图像，增加了装饰效果；有的将整个柱础雕成白象、石狮或麒麟等神兽，上部

木柱驮于背上，使建筑显得很有档次（图12.66、图12.67）。承载穿斗构架的柱础用条石做成连续的地脚石，叫作"连磉"，有时外露部分也做成磉墩的形式。有些建筑因主人的经济实力不很强，柱础多做成一般民居中常见的"鼓磴"式样，且表面不施雕饰。柱础上端中心处凿有深和直径都约为1寸的凹洞，木柱底中心则作榫头，这样便于木柱安装定位，也起着加强连结的作用。有的木柱下端有宽、深各1寸多的十字槽，使空气能流入，对木柱下端有一定的防潮作用。总的来看，露在室外的柱础一般做法比较复杂华丽，雕饰丰富，更加美观；室内的柱础就比较简洁，多为较高的鼓状。

刘致平先生在《中国建筑类型与结构》当中提到，"在明清很显然宋式覆盆式柱础是很少了，一般的莲花瓣柱础也不见了，在北方多用很低的古镜式柱顶石，在南方则常用很高的鼓状磉墩……"由此可见，重庆地区的柱础样式要比北方建筑中丰富得多，

（a）巴南区石龙镇放生塘覃家大院

（b）酉阳县板溪镇山羊古寨

（c）江北区五宝镇四甲湾民居

（d）忠县花桥镇东岩古寨

图12.61　门窗组合纹饰

还有就是对于宋式覆盆式柱础的大量使用，可见这是重庆地区对于宋代文化传承的一个缩影。而在柱础的高度上，北方的柱础大多较低，而巴渝地区的柱础则较高，有1~1.5倍柱径的高度。这也是与地区的气候条件有关，北方干旱少雨而重庆地区潮湿多雨，所以北方的柱础较低而南方的较高。

12.1.4 台基与台阶装饰

建筑下施台基，除了具有御潮防水的功能之外，还有外观及等级的需要。重庆民居建筑的台基大致可分为土质台基和石质台基两种。土质台基为少数的一般民居所采用，因主人的经济条件较差，难以承担石质台基的费用，就简单地用夯土垒筑成台基，高度一般为1~2个踏步，基本没有什么装饰，比较简陋。而石质台基为绝大多数民居所采用，因其御潮防水的功能远好于土质台基，它是用条石砌筑而成，高度一般在1~3个踏步，有的很高，考虑到地形因素，常常与筑台式营造方法融为一体，从下往上仰视，非常壮观。这种条石的砌筑一般是一层层叠加而上，上下层之间错缝摆放，条石之间缝隙

（a）石柱县石家乡姚家院子

（b）石柱县临溪镇新街村

（c）万州区长岭镇良公祠

（d）云阳县南溪镇郭家大院

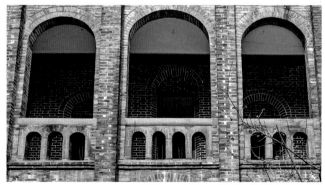
（e）荣昌区天主教堂

（f）秀山县海洋乡坝联村

图12.62　栏杆

245

多用石灰、细沙和泥浆等混合灰浆，以加固其结构的稳定性。比较考究的民居建筑，其石质台基往往都会进行一定程度的装饰。装饰图案大多为寓意吉祥的浮雕图案。

重庆地形复杂，高度差异较大，民居建筑往往采用分层筑台或吊脚的形式，因此为了解决具有高度差的垂直交通问题，使用台阶非常普遍。不管是室外还是室内都常常使用台阶。台阶大多是由条

（a）外挑廊

（b）内挑廊

图 12.63　木栏板（江津区塘河古镇石龙门庄园）

（a）涪陵区青羊镇四合头庄园

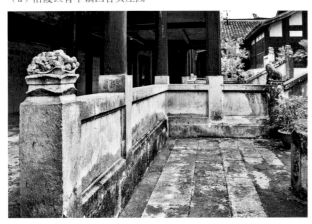

（b）涪陵区青羊镇陈万宝庄园

（c）万州区长岭镇良公祠

图 12.64　石栏板

石砌筑而成的，一般不用垂带石，只筑踏跺，称如意踏步或如意台阶（图12.68）。比较考究的民居建筑，其台阶还要安装石栏杆，做石栏板，施以线刻，也可有复杂的图案雕饰，在石栏结束处还安设抱鼓石（图12.69）。

12.1.5 庭院与铺地装饰

重庆民居的庭院主要包括四合院与天井院。在庭院空间除了重点装饰庭院内檐、庭院门窗之外，还要通过铺地、花架、凉棚、水池、水缸、花台、

（a）黔江区濯水古镇

（b）武隆区土地乡犀牛古寨

图 12.65　美人靠

（a）梁平区双桂堂

（b）云阳县三峡文物园维新学堂

（c）忠县老官庙

（d）石柱县临溪镇新街村

（e）石柱县悦崃镇新城村

（f）酉阳县板溪镇山羊古寨

图 12.66　柱础（一）

（a）

（b）

（c）

（d）

（e）

（f）

图 12.67　柱础（二）（黔江区黄溪镇张氏民居）

假山、植物等的布局与设计来对庭院进行一定的装饰（图12.70、图12.71）。

重庆民居庭院中摆放水缸是一大特色。水缸多为一大块石头整体打凿而成，它既是一种消防设施，也是一种象征聚财的文化现象，有时还在水缸中养鲤鱼、乌龟等水生动物，并放入几株睡莲或荷花，体现"鲤鱼跳龙门""健康长寿""圣吉纯真"等吉祥文化理念。水缸有方形、圆形、半圆形、花瓣形以及它们所组合的各种形状，其外壁大都进行了精细的雕刻，体现了深厚的文化内涵。

庭院中的植物一般都为寓意深刻的草本、木本和藤本植物，如蜡梅与白玉兰象征"金玉满堂，

（a）巴南区南彭街道朱家大院

（b）沙坪坝区张治中旧居

（c）荣昌区天主教堂

图12.68　高高的台基与台阶

（a）忠县老官庙

（b）沙坪坝区冯玉祥旧居

图12.69　富有装饰性的台阶

财源广进"；葡萄、石榴象征"多子多福，人丁兴旺"；竹子象征"虚怀若谷，高风亮节""门对千竿竹，家藏万卷书"；兰花象征"高洁典雅，坚贞不渝"；菊花象征"清新高雅、坚贞不屈"；等等。除了体现深刻的寓意之外，还要展现色彩美、姿态美、香味美、声响美和光影美。例如，秋天的桂花虽以芬芳馥郁闻名，但它满树金黄色，也格外逗人喜爱，有诗为证："叶密千层绿，花开万点黄"（朱熹）；"绿玉枝头一粟黄，碧纱帐里梦魂香"（毛翊）。再如描写荷花的"红白莲花开共塘，两般颜色一般香；恰如汉殿三千女，半是浓妆半淡妆"（杨万里）。

假山水体主要是在某些豪宅中有所体现，甚至还建了桥和亭子，如江津区四面山镇会龙庄中的一庭院就建有水池，水池上架了一座桥，桥上还造一个亭子，非常美观。

铺地分为室内铺地和室外铺地。室外主要是指阶沿（檐下空间）、庭院、院坝和进宅道路。一般民居的室内外地面就直接由黏土夯实而成，比较讲究的用三合土，或在部分房间采用架空的木地板铺就，三合土地面一般都有拼花图案。而大户人家的室内、阶沿和部分庭院大多采用灰砖或青石板进行铺地，并在部分房间使用架空的木地板。灰砖或青石板铺地的一般都有装饰，不过比较简单。大户人家的院坝和部分庭院基本上都是用大条石平铺而成，装饰的比较少。进宅道路一般都铺青石板或鹅卵石，起一定的装饰作用。

12.1.6　室内装饰与陈设

民居建筑也非常重视室内装饰，因为它能体现主人的社会地位、经济条件、文化品位、审美取向以及对未来人生和后代的美好愿望等多个方面，主要包括以下几大重点部位。

（a）百年蜡梅（潼南区双江古镇杨氏民居）

（b）沙坪坝区张治中旧居

（c）渝中区重庆湖广会馆

（d）潼南区双江古镇四知堂

图 12.70　庭院绿化与花卉

1）梁枋构架

重庆民居大多不做顶棚，直接把梁、枋、木柱和檩条等木构架暴露出来，称为"彻上露明造"。对这些木构架也较少进行装饰，体现了一种简洁而自然的美感。不过一些比较讲究的民居还是要对梁枋构架进行一定程度的装饰，当然其重点是在檐下空间，而在室内主要体现在抬梁式或抬梁-穿斗混合式的梁枋构架以及穿斗式的随檩枋上。包括以下几个重点部位。

（1）梁

按外观，梁可分为直梁和月梁。重庆地区主要为直梁，部分建筑采用了月梁。不过月梁很简洁，

（a）水缸与天井（渝中区重庆湖广会馆）

（b）水缸（一）（渝中区重庆湖广会馆）

（c）水缸（二）（渝中区重庆湖广会馆）

（d）洗衣盆（潼南区双江古镇杨氏民居）

（e）水缸（三）（涪陵区青羊镇陈万宝庄园）

图12.71 水缸、洗衣盆与天井

没有什么雕饰，只是根据制作月梁木材的自然弯曲罢了，即梁在中部微微向上凸出，形成一道弧线，既具有良好的承重受力性，又具有一定的美感。梁装饰的主要途径为在梁下边进行彩绘，绘制一些吉祥的图案。

（2）枋

在室内，枋主要为随梁枋、脊枋以及随檩枋。比较讲究的民居一般都施以彩绘。每个构件也不满布彩画，多根据构件的不同长度布置图案。在构

件两端的部位称箍头，在构件中部的称枋心包袱。枋心包袱占构件总长的1/2～1/3，是重点装饰部位。彩画的色彩一般为暖色调，常用红色、褐色。除了彩绘之外，有的还在随梁枋上进行雕刻，如位于重庆湖广会馆戏楼的底部随梁枋上用几乎圆雕(深浮雕)的手法，描绘出清代重庆临江门城墙一带商贾来往贸易的热闹场面。画面上青山环绕绿水恰似重庆山水城市的缩影，若隐若现的城墙气势雄伟，足见当年重庆城市格局已具规模，画面上骑马而至

（a）老宅子（一）

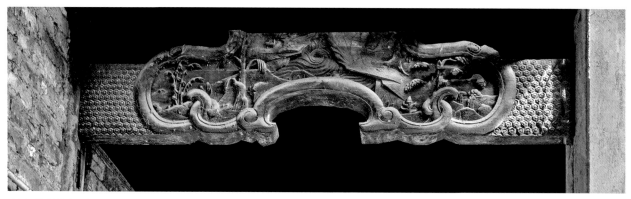

（b）老宅子（二）

（c）彭氏宗祠（一）

（d）彭氏宗祠（二）

图12.72　雕刻精美的"穿"（云阳县凤鸣镇彭氏宗祠及其老宅）

的商贾正是会馆主人——湖广商家的自我展现,栩栩如生的一幅重庆民俗生活画面。

（3）穿

在穿斗式结构建筑中,位于室内的穿由于与夹壁墙、木板壁等围护结构紧紧结合在一起,一般不进行装饰。但在一些比较讲究的民居中,位于檐下空间的穿（包括挑枋）往往也进行了必要的装饰,主要方式为彩绘、雕刻,甚至像云阳县彭氏宗祠那样做成驼峰状的穿,使建筑显得很有档次（图12.72）。

（4）瓜柱与坐墩

瓜柱下的坐墩一般做成方形云墩或小斗,有的刻成覆盆、金瓜或莲花形状,类似于柱础的样式（图12.73）。更精致的则雕刻成狮子等吉祥物的模样,瓜柱的柱脚直接落于狮背上,非常生动形象。而吊瓜广泛使用于屋檐、挑廊等出挑结构中,具有较强的装饰性。

（5）驼峰

在抬梁式或穿斗抬梁混合式构架中,时常用驼峰代替瓜柱,驼峰位于梁的两端和中间,起到支撑上面一层梁的作用。驼峰的大小依据上下两层梁之间的距离以及梁距檩的高度而定。至于驼峰的形态就各式各样了,其中以中间高、两侧低,类似葫芦和骆驼驼峰状的为主,"王"字形的驼峰也常见。有驼峰的地方一般位于厅堂的梁架上,因此雕刻也极为华美。在正厅的檐廊部分,也喜欢使用驼峰来支

撑梁和檩枋（图12.74）。

（6）雀替

"雀替"是明清建筑中特有的称谓,它是由宋代的绰幕枋演变而成。"雀"可能是《营造法式》里的绰幕枋的"绰"字,至清讹传为雀,而"替"则是替木的意思。就现有资料看,替木不迟于汉代。雀替是位于梁枋下与柱相交处的短木,以缩短梁枋的净跨距离,有的用于檐下空间,有的用于室内,甚至在牌坊、院门上都用雀替,除了具有一定的承重与连接作用之外,还具有很强的装饰作用。实际上有不少的雀替逐渐演变为只具有装饰作用的花牙子与挂落。有的学者也把花牙子与挂落归类为雀替中的一种类型。雀替的制作材料由该建筑所用的主要建筑材料决定,即木建筑上用木雀替,石建筑上用石雀替。雀替图案的形式亦多种多样,雕法有圆雕、浮雕、透雕3种。重庆地区通常在柱两侧,分别作单个雀替半榫入柱身,另一端钉在梁枋下,多呈蝉肚状,有的镂空雕花,有的上施彩画,非常美观大方（图12.75）。

2）隔断、花牙与挂落

室内隔断既有固定式的,也有活动式的。固定式的多为上部类似窗的造型,下部为实心的木板壁,做工精细,上部多有嵌花或花格图案等装饰,下部有的也进行了部分雕刻。也可做成博古架式,多用于厅堂、书房等处。活动的隔断多为各式屏风或柜式家具之类。有的厅堂用屏风等隔成前后两

（a）巴南区南泉街道彭氏民居

（b）江津区四面山镇会龙庄

图12.73　室内瓜柱与坐墩

（a）涪陵区青羊镇四合头庄园　　　　　　　　（b）合川区三汇镇响水村

（c）江津区塘河古镇石龙门庄园

（d）巴南区南泉街道彭氏民居

图 12.74　雕刻精美的驼峰

（a）北碚区水口镇滩口牌坊

（b）涪陵区大顺乡李蔚如故居

（c）涪陵区青羊镇四合头庄园

（d）江北区五宝镇四甲湾民居

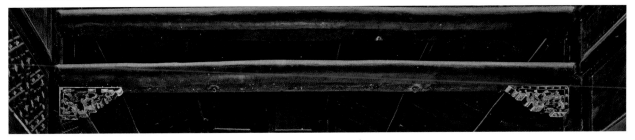

（e）巴南区南泉街道彭氏民居

图 12.75 雀替

个厅, 称 "鸳鸯厅"。

空间的分隔一般是隔而不断、隔通相随的处理方式, 如用花牙子、挂落等装修手法。花牙子位于梁柱交接处, 与雀替不同, 纯粹为装饰构件, 无结构受力作用。花牙子形式多样, 自由纤细空灵。挂落是花牙子上端左右连成一片的形式, 也叫天官罩或花罩。有的花牙子组合演变成上下左右贯通的落地罩。

重庆地区民间又把挂落称为 "弯门", 常用在大型宅院或祠堂会馆中间的过厅, 有划分空间的作用, 使前后、内外的空间既有一定阻断, 又有视线上的联系, 隔而不断。挂落形式很多, 有圆形、方形、曲线形等, 是木雕装饰的重点部位, 多数是镂空雕, 图案多为动植物形象或几何纹样, 题材丰富生动, 是重庆民居建筑重要装饰特色之一（图12.76）。

3）天花、藻井与卷棚

重庆民居一般都不做顶棚, 直接把木构架暴露出来，称为"彻上露明造"，其原因：一是重庆地区潮湿多雨而闷热的气候，使得顶棚不利于房间通风散热；二是受经济条件的制约，使得绝大多数一般民居建筑也不造顶棚。只有那些比较考究的建筑，如地主庄园和祠庙会馆才会有做顶棚的需求。就算在这些建筑当中，也不是每个房间都要做顶棚。

顶棚，清官式名称叫作天花，宋叫平棊或平暗。它在北方建筑当中有用纸糊的，也有用木板的。民居建筑中常用纸糊而宫殿祠庙当中常用的是木板。有用向上弯曲的薄木板的叫卷棚，有向上做成穹窿状的叫作藻井。更有甚者，这些统统都没有做，那就是"彻上露明造"。不过，为了美观，需要在梁枋上施以彩绘。当然"彻上露明造"的一大弊端就是容易造成屋面漏灰的情况。

重庆地区的天花一般是用木框做方格，再在方格之上放置木板作为天花板，木框一般放置在梁枋之上，有的做阁楼，在阁楼下做天花并施以彩绘。

卷棚，在重庆地区也叫轩棚，是在房屋的前檐廊下用卷曲的木板做成的天花样式，可以通过优美自然的波浪形曲线将原本繁杂的檐部统一起来，使之更具观赏性。

藻井，一般是用在最尊贵建筑中最尊贵的地方，在重庆地区大多用在寺庙中的大雄宝殿、会馆中的戏台等。藻井的设置不仅对建筑等级有需求，而且对设置它的空间高度也有要求。一般都是在房屋的高度较高或者是楼阁当中才有条件设置，因为藻井的构造大多是利用抹角叠梁的方式，用木板层层叠起，所以对房屋的竖向空间要求较高。重庆地区藻井的形态一般有四方形、八角形，其中以八角形居多。不同于北方建筑中藻井要与天花配合使用，重庆地区的藻井一般都是单独使用，从房

（a）屏风（江津区四面山镇会龙庄）

（b）屏风（渝中区谢家大院）

（c）花牙（渝中区谢家大院）

（d）挂落（万州区长岭镇良公祠）

图12.76　屏风、花牙与挂落

屋梁枋之上层层叠起,颇为壮观(图12.77)(佘海超,2007)。另外,带有西式风格的建筑,室内天花大多会有一些简单的灰塑浅浮雕装饰(图12.78)。

4)家具陈设

家具与陈设是可移动之物,不是建筑本身的构

配件,是随主人的爱好而经常更换的,应该不算作建筑装饰的范畴。但不可否认家具陈设的风格样式、材质色彩等,对建筑美学特别是室内空间的美学效果具有举足轻重的作用。

中国传统家具与中国建筑一样有着悠久的历

(a)轩棚(梁平区双桂堂)

(b)藻井(綦江区东溪古镇万天宫)

(c)藻井(云阳县张飞庙)

(d)藻井(江津区塘河古镇廷重祠)

图 12.77　轩棚与藻井

(a)石柱县石家乡姚家大院

(b)涪陵区大顺乡大顺村洋房子

图 12.78　灰塑天花装饰

史，积淀了深厚的文化底蕴。唐代以前，人们在室内席地而坐，家具是低矮型的。唐中叶至五代时期，垂足而坐已遍及全国，是传统家具的一次革命，高型家具成为主流。

宋元时期，高型家具已普及全国，席地而坐的家具几乎绝迹。在家具构造上受当时成熟的建筑柱梁木构架的影响，更注重家具杆件的分布与交接关系，呈现出结构性的家具艺术风格，枨木及牙头（或牙板、牙条）的运用较为普遍。在家具造型上更为考究，部分家具的面板部分做出束腰，腿子做成弯曲状并刻有垂直线脚等。

明代是传统家具发展的高潮时期，在工艺技巧及艺术风格方面都已十分成熟。而且从南洋进口的黄花梨木、紫檀木、铁梨木等硬木作为家具用材，使得杆件更为纤细、光洁，榫卯更为精巧，体现出朴素秀丽、比例恰当、简洁舒适的风格，并且使用圆形断面，弯曲状的杆件增多，充分表现出了家具的结构美。在雕饰及小五金上亦精雕细刻。此时的家具品类已可以明确分为椅凳、桌案、橱柜、床榻、台架、座屏六大类，并且形成了室内家具成樘配套的概念。这种风格的家具一直延续到清代初年，现在习惯统称为"明式家具"。

清代家具设计又有了新的发展。一是家具用材方面扩大了品种，珍贵的紫檀、黄花梨木的材源日渐减少，而代之以红木、花梨木、鸡翅木等。民间多为柴木家具，即中等硬度的木材家具，包括榆木、榉木、楠木、核桃木等，此外松木、杉木、柳木等硬度差的木材，也可用来做低档家具。不同材质具有不同的色泽及纹理，从而提高了家具的艺术表现力。二是家具造型上不再受建筑大木构架形式的约束。清代家具大多采用截面为矩形的直腿子，家具整体造型趋向方正平直。三是雕饰及艺术加工增多，汇集了雕、嵌、描、绘、堆漆等技艺。四是由于艺术追求的不同，出现了明确的地方流派。总之，清代家具设计从结构观点转向了结构与美学并重的道路，即家具实用品增加了工艺美术品的意味，这点与清代建筑的发展是同步的。

中国民居中使用的传统家具可分为六大类：a.床榻类，包括架子床、拔步床、罗汉床、柜床、榻等。例如，江津区中山镇龙塘村荣庐庄园保存的雕花贴金拔步床，雕刻精湛，做工考究，甚至有撑弓、坐墩、轩棚等重庆传统民居上的建筑语言与符号，体现了家具与建筑文化的传承性与通融性（图12.79）。b.桌案类，包括方桌、长方桌、圆桌、二屉桌、条案、架几案、书案、画案、香案、炕桌、炕案、琴桌、花几、茶几、炕几等。c.椅凳类，包括扶手椅、靠背椅、玫瑰式椅、圈椅、交椅、太师椅、方凳、圆凳、板凳、条凳、鼓墩等。d.箱柜类，包括橱、柜、箱等。e.屏风类，包括落地屏风（折叠屏风）、带座屏风、插屏、挂屏等。f.架子类，包括衣架、巾架、盆架、书格、多宝格等。重庆常见的家具如图12.80所示。

传统木质家具具有极高的形式美感，在形体、质感、色彩及修饰方面皆有高超的工艺技巧。可以从风格流派的选择、成樘家具的布置和陈设品的选配三个方面进行审美评价（孙大章，2011）。

（1）家具流派

具有全国性影响的家具流派有"苏做""广做""京做"三大流派。"苏做"家具一般泛指苏南、长江中下游一带生产的家具。其特点是基本上继承了明代家具的传统，具有造型简练、格调朴素、线条流畅、用料细瘦节俭、结构感较强、雕饰精而不繁，并多用插嵌饰件，其风格素有简、线、精、雅之美誉。"广做"家具是指以广州为中心生产的家具。其特点是风格厚重、用料宽大、不论构件弯曲度有多大，习惯用一木挖成，不用帮拼；色调沉暗、雕刻繁多，追求隆重的气派及豪华的装饰。"京做"家具是指以北京为中心制作的家具。它是吸收了"苏做""广做"的设计特色以后形成的，用料较广式要小，较苏式要实，外表更近于"苏做"，但不做包镶，用料纯正，装饰纹饰多吸取三代古铜器及汉代石刻纹样，显示出古色古香、文静典雅的艺术形象。除上述三大流派之外，还有

"海做"（上海做的）、"扬做"（扬州做的）等众多地方流派。

家具流派的形成极大地扩充了使用者对家具的欣赏范围，有了更多的选择性。诸流派分别代表了不同的审美情趣。明代家具属于复古型，传世甚少；"广做"家具属厚重型，气魄雄伟；"苏做"家具属轻巧型，玲珑素雅；"京做"家具属富贵型，体态端庄；"扬做"家具属纤巧型，精工细作；"海做"家具属开放型，中西合璧；福州彩漆家具属华贵型，热烈奔放。

（2）成樘家具

室内家具组合应按统一的风格成樘配置，除了

（a）

（b）

（c）

（d）

（e）

图 12.79 古床（江津区中山镇龙塘村荣庐庄园）

使用要求之外，也显出居室的艺术氛围与秩序感，更能彰显主人的文化品位与审美取向。成榫家具应与房间的使用功能相契合，于是出现了厅堂、卧室、书房、花厅等不同的家具组合。例如，厅堂多以后檐墙为背景，置条案或架几案，案前八仙桌一张，左右配太师椅一对；厅堂两侧各配一茶几、两扶手椅；房间四角设花几，等等。

（3）陈设配置

陈设是富裕人家在室内摆放的装饰物，虽有一定使用功能，但基本上是供欣赏之用，以提高室内空间的艺术性。陈设可分为两大类：一是供观赏品味的小件艺术品，如古玩、字画、赏石、盆景等；二是具有一定使用价值的高档工艺品，如瓶、镜、炉、盘、屏、灯、架等。若按陈列部位可分为：墙上挂的

（a）成榫家具（潼南区双江古镇杨氏民居）

（b）圆桌（永川区松溉古镇罗家祠堂）

（c）摇摇椅（万州区长岭镇良公祠）

（d）夫妻桌（万州区长岭镇良公祠）

（e）方桌（巴南区丰盛古镇十全堂）

（f）香案（巴南区丰盛古镇十全堂）

（g）太师椅与茶几（永川区松溉古镇罗家祠堂）　　（h）长凳（巴南区丰盛古镇长寿茶馆）

（i）夫妻桌与圈椅（巴南区丰盛古镇十全堂）

图 12.80　部分家具

陈设，如字画、挂镜、挂屏等；案几上陈列的文玩用具，如对瓶、茶具、古董、盆景、盆花、文房四宝等；地上陈列的用具，如炉架、炉罩、围屏、帽架、书架、放书画轴的瓷筒、瓷缸等；顶棚上的悬挂物品，如灯具、帐幔等物。

12.2　装饰工艺特征

12.2.1　装饰题材与表现

民居建筑装饰手法与社会上的工艺美术技巧有着密切的关系，几乎当时流行的工艺技巧皆可运用到民居建筑上，以丰富其美学效果。民居建筑装饰艺术的工艺通常包括木石砖"三雕"、灰陶泥"三塑"、瓷贴、彩绘彩描、文字、铺地等诸项。这些雕饰彩绘不仅图案丰富多样，而且内容题材广泛，寓意吉祥美好，表达了对理想生活的企求和乐观风趣的人生态度。装饰题材主要有三大类型：一是祈福纳祥、神灵崇拜的题材；二是反映忠义思想，歌颂美好情感的题材；三是反映山水城镇风貌的题材。重点是起到"趋吉"和"教化"的作用。

民居建筑大多采用吉祥图案为主题，其表现方法可分为直观、隐喻、谐音和组配4种。

直观：如福禄寿三星、百子图、百寿图等，可直接表露出主题。

隐喻：即借用具有吉祥寓意的动物、植物、器物作为装饰母题，暗示吉意。如龟（长寿）、鹤（长寿）、桃（神仙所食，长寿）、松（长寿）、鸳鸯（相爱、偕老）、牡丹（富贵）、佛手（握财富之手）、石榴（多子）、葡萄（多子）、灵芝（吉祥）、云朵（祥瑞）、铜钱元宝（财富）、荷花（高洁）、竹（君子）、萱草（忘忧）、蝉纹（居高饮清，高洁之意）、梅花（冰清玉洁）、回纹（不断延续）、水纹（不断）、龟背（长寿）。

谐音：即借用动植物、器物的音韵与文字音韵相谐和，以表吉祥。如羊（祥）、喜鹊（喜）、鲤（利）、蝠

（福）、葫芦（福禄）、爬蔓植物（万代）、鹿（禄）、戟（吉）、盘肠（长）、金鱼（金、玉）、芙蓉（富）、水仙（仙）、桂花（贵）、屏或瓶（平安）、案（安）、磬（庆）、卍（万）、竹（祝福）、白菜（发财）等。

组配：即是将上述3种手法综合应用在一个装饰主题中，音、意、形并用，组合搭配成一幅图案，表示出准确的吉祥意义。如三多（佛手、桃、石榴代表多福、多寿、多子）、五福祥集（中间为祥字，周围五蝠）、五福捧寿（中间为寿字，五蝠围之）、福寿绵长（蝠、桃、飘带）、松鹤遐龄（松、鹤、灵芝）、金玉富贵（金鱼、牡丹）、百事如意（百合、柿子、如意）、万事如意（万字、柿子、如意）、富贵白头（牡丹、白头翁）、灵芝祝寿（灵芝、水仙、竹、寿桃）、太平有象（大象、宝瓶）、四季平安（花瓶、四枝月季花）、安居乐业（鹌鹑、菊花、枫叶）、富贵满堂（牡丹、海棠）、喜上眉梢（喜鹊、梅花）、连中三元（桂圆、荔枝、核桃）、福寿眼前（蝠、寿桃、方眼铜钱）、岁寒三友（松、竹、梅）、荣贵万年（芙蓉、桂花、万年青）、平安如意（宝瓶上加如意头）等。

总之，装饰图案中，动物多为龙、凤、鹿、马、狮、虎、麒麟、蝠、鸳鸯、孔雀、鱼等；植物多为松、竹、梅、桃、灵芝、莲花、水仙、牡丹、菊花、兰草、石榴及各类卷草、花卉等；用品多为琴、棋、书、画、笔、墨、砚、扇、如意及"暗八仙"等；文字多用福、禄、寿、喜、万等；人物故事多为三国人物、梁祝化蝶、伯牙弹琴、二十四孝、八仙过海、渔樵耕读等。大多为当时民间喜闻乐见的艺术形式，是地方民俗文化与中华传统优秀文化精神的体现。在重庆民居建筑中除少数较为繁复艳丽之外，大多数具有素描的艺术特征，色彩较为节制，尺度宜人，比例和谐，构图协调，质朴而不粗俗，精细而不矫揉。

12.2.2 木雕

民居主要为木构体系，利用这种材质，结合构件的使用功能进行适当的雕饰艺术处理，使材料性能、结构受力作用与装饰艺术三者有机统一，是民居木雕工艺的基本要求与重要特征（图12.81）。建筑木雕艺术的起源虽不可考，但从上古三代业已存在的玉雕、石雕及青铜器范器雕饰来看，在木材上进行雕饰是不成问题的。至南北朝时期，文献上已经记载有建筑木雕装饰的出现。木雕的手法很多，归纳起来主要有线刻、浅浮雕、深浮雕、嵌雕、透雕、镂空雕、圆雕等。

1）线刻

线刻是最简单的，是一种平面层次的雕刻，并不求立体感。按图形剔凿出深浅不一的线脚，有的地方也刻旋出某种立体的感觉。这种雕刻法最讲究的是刀法流畅，线条沉稳有力，双线或三线均匀工整，要成为上品也非易事。

2）浅浮雕

浅浮雕是在板材上雕琢出有立体感的凹凸层次，是一种最为广泛的雕刻方法，特别是在裙板、屏门、栏板等大面积雕刻上多用。

3）深浮雕

深浮雕也叫高浮雕，是在浅浮雕基础上加深层次，常刻出至少三个层次感的画面，使雕刻的物象有呼之欲出的感觉。这是一种工艺要求高的技法，多在额枋、梁面、栏板、雀替等处施用。

4）嵌雕与贴雕

嵌雕是一种较特殊的木雕技法，其方法是在底板上刻出图案后，须重点加以表现的地方刻出凹槽，然后另刻出嵌件，嵌件有的为木质，也有的为玉质、金属等其他材料，将之镶嵌入槽，形成立体感很强的画面，如有的窗棂格上嵌花心等。有的不用镶嵌，而用粘贴的方法，即在梁枋等外皮裹贴雕花板以装饰，称为贴雕。贴雕既可以减少优质木材的用量，有可以不破坏承重构件，用材节省，安装灵活。

5）透雕

透雕也叫通雕，即将深浮雕进一步发展，使材件刻透，造成玲珑剔透的感觉，也就是从正面一直可以雕刻至背面，成为完全的立体雕刻。

（a）戏楼木雕（綦江区东溪古镇万天宫戏楼）

（b）古床木雕（万州区长岭镇良公祠）

（c）摇钱树木雕（巫山县龙溪古镇）

（d）驼峰木雕（巴南区石龙镇老街）

（e）驼峰木雕（酉阳县南腰界乡老街）

（f）驼峰木雕（涪陵区青羊镇四合头庄园）

图 12.81 木雕

6）镂空雕

镂空雕是透雕最极致的一种雕法，即在雕件的侧面、背面及中空等各面更为全方位的雕刻，有的透空甚至有好几个层次，整个物件完全成了一件纯粹的工艺品，特别是一些花罩、撑弓常用此法，以至有的构件已基本丧失了结构支撑的受力功能，仅有装饰的作用。

7）圆雕

圆雕又称立体雕，即从前、后、左、右、上、中、下全方位进行雕刻，是可以从多方位、多角度欣赏的三维立体装饰作品，如栏杆望柱柱头、吊瓜、撑弓等。

木雕在民居中应用最久、最广泛，原因是这种工艺简单易行，细木雕工各地皆有，木质软硬皆宜。木雕可最大限度地展示自然生物柔曲之美，图案中以自然生动的花叶图案为主体，在表现人物、动物的图案中，也较砖石雕更为细腻传神。另外，木材的纹理、色泽以及漆饰颜色亦增加了木雕构件的装饰效果，这就是传统民居中木雕制品长盛不衰的原因所在。

12.2.3　砖雕

砖雕即是在青砖上进行雕刻加工的工艺技术（图12.82）。砖材比木材坚硬，不怕雨，可用于室外；砖材又比石材软，便于加工制作。清代的砖雕工艺已成为独立工种，工匠被称为"凿花匠"。

重庆民居使用砖雕的很少，所施用的重点部位多在门罩、窗楣、门框、照壁、檐部及封火山墙的墀头等处。根据图样对青砖采用锯、刻、钻、磨、剔等方法进行加工，再拼装砌筑。砖雕技法类似于木雕中的浅浮雕、深浮雕，与石雕基本相似，个别的有透雕，极少圆雕，这是因砖材材质的限制，个别突出的较大花朵，多采用挂榫的办法挂上去。砖雕图案构图基本类似于木雕，其图样的变形、概括、象征手法等皆遵循木雕格式，仅花纹稍粗壮而已。但砖雕的制作工艺较为复杂精细，技术难度大，对匠师手艺水平要求较高，所以多在豪宅及祠堂会馆中采用。

12.2.4　石雕

石雕由于石材质地坚硬，不易磨损的特性，一般应用在建筑物的台基、石栏板、柱础、门槛、石栏杆、踏步、阶沿以及水缸、石梁柱、石牌坊等处。其次较多应用于壁画雕刻。巴渝地区由于多山多石，所以石雕的分布比较广泛。在重庆地区，石雕柱础中的精品当属黔江区的张氏民居（图12.67）。而石牌坊上的雕刻也精湛无比，堪称一绝（图12.83~图12.85）。在古石桥、民居建筑上也有精湛的雕刻（图12.86、图12.87）。

石雕技法类别与木雕相似。如线雕，即线刻，在素平的石面上按图形錾刻线条，再进一步隐雕，即宋《营造法式》石作雕刻制度中的压地稳起，使图案薄薄地凸显出来，有的类似寿山石刻的所谓"薄意山水"。使花纹图案更具立体层次的是减地平钑式的浅浮雕和剔地起突的高浮雕，这是在石面上使用最多的雕法，能使石刻图像的空间表现力在石面背景上得到最大的发挥，并与建筑物取得更紧密的结合。一般的石栏板、柱础、台基大多采用这种工艺手法。表现题材的独立作品则用圆雕，如将石件雕成狮子、大象等，成为单独的建筑小品

（a）

（b）

图12.82　砖雕（云阳县凤鸣镇彭氏宗祠老宅）

摆设。有些建筑构件（如石栏板、望柱）上的雕饰和有些动物形象的柱础，也常用圆雕手法。

12.2.5　灰塑、陶塑与泥塑

所谓灰陶泥"三塑"，是指这类民居装饰工艺是通过湿作业的方法来实现的，是在雕刻技艺的启发下，在清代逐渐发展成熟起来的，作为简便易行的装饰手法在民间广为流传。在制作过程中，其艺术的表现形式很大程度上取决于匠师自身的手艺和艺术素养，尤其是传统技艺的传承水平。它们的制作手法需要匠师一步一步来设计及刻画，不像木雕、石雕与砖雕那样可以事先拓描。

灰塑是这三种方法里面使用最广泛、最经济、最适用的装饰手法，其原材料取得比较容易，操作也较简单。首先需要将白灰和沙按照一定的比例制成砂浆，即膏泥；然后加入草纸筋成为纸筋灰；最后加入稻草、棉絮、麻丝等成为麻刀灰，调入各种矿物颜料之后，就可现场塑造出各种装饰形体。灰塑装饰一般可以用于壁塑、漏窗、脊饰等。壁塑就是在墙壁上塑出有浅浮雕一样的装饰图画，灰塑漏

（a）鲤鱼跳龙门

（b）凤凰戏牡丹

（c）狮子滚绣球

图12.83　石雕（渝北区鸳鸯节孝牌坊，现存于照母山森林公园）

（a）

（b）

（c）

（d）

图 12.84　石雕（北碚区水土镇滩口牌坊）

窗一般以铁丝为骨，主要用于围墙。不过灰塑更多地用作建筑脊饰，可以做出各式各样具有漏空且立体感很强、色泽艳丽的图形。首先使用铜丝或铁丝盘成各种图形作骨筋，然后再用糯米汁、红糖、鸡蛋清等分层塑裹，这样制作的房屋脊饰、壁塑、漏窗等甚至可以维持百年不坏（图12.88）。

陶塑的制作成本比较高，其原因主要是制作陶塑的工艺比较复杂。首先是要制作陶土塑件，然后入窑烧制硬化，最后再用高强粘结材料粘附在装饰部位上。大多应用于屋脊、栏杆、花坛、漏墙等，普通民居使用较少。

泥塑主要是用粘性较好的红黏土，拌入少量石灰、沙和草筋等制成膏料，主要用于塑像或者墙面上的壁塑装饰，造价比较低廉。

12.2.6 瓷贴

瓷贴又称瓷片贴，或者嵌瓷，主要是采用瓷器的碎片作为主要的装饰材料。在重庆地区，这种瓷贴装饰，应用十分普遍。瓷贴可以

（a） （b）

图 12.85 石雕（云阳县高阳镇夏黄氏节孝牌坊，现存于云阳县三峡文物园）

（a） （b）

图 12.86 石雕（涪陵区蔺市古镇龙门桥）

用在很多地方，如线脚甚至文字都可用瓷贴的方法贴出来，不过多数用于屋脊装饰，一般和灰塑一起使用。在图案上嵌入白色、蓝色、青色等各种瓷片，有青花瓷冰裂纹的装饰风格。这种装饰美观大方，活泼有趣，雅俗皆宜，成本低廉，深受大众喜爱（图12.89）。

（a）　（b）　（c）　（d）　（e）　（f）

（g）　图 12.87　石雕（石柱县河嘴乡谭家大院）　（h）

（a）灰塑大白菜（南川区水江镇嵩芝湾洋房）

（b）灰塑镂空花窗（九龙坡区走马镇孙家大院）

（c）灰塑窗楣（涪陵区义和镇刘作勤庄园）

（d）灰塑屋脊人物雕塑（江津区石蟆镇清源宫）

图 12.88 灰塑

（a）牌坊式大门瓷贴与彩绘（云阳县凤鸣镇彭氏宗祠老宅）

（b）文字瓷贴（云阳县南溪镇郭家大院）

（c）脊饰瓷贴（潼南区双江古镇四知堂）

图 12.89　瓷贴

12.2.7　油漆彩绘

　　早期建筑的色彩基本上来源于建材的原始本色，没有多少人为的加工。随着生产力的发展，人们在制陶、冶炼和纺织等社会生产中，认识并使用了若干来自矿物和植物的颜料，并将其中某些用于建筑作为装饰或防护涂料，这样就产生了后来的建筑色彩。但建筑色彩的使用和演绎，如同建筑型制的规定性一样，有严格的等级划分。彩画就是在木构件上涂以彩饰，最初的目的是防潮、防腐、防蛀，后来才突出其装饰性。在古代彩绘被称为丹青，古建筑的彩绘艺术历史悠久，与雕塑、壁画同属姐妹艺术，"雕梁画栋"便是形容建筑美丽的代名词。据《考工记》可知，夏代崇尚黑色，商尚白，周尚红，春秋战国时期已使用彩画。

　　重庆地区盛产桐油，民居木构则多以木材本色施以熟桐油二道罩面，这样做不仅可以保护木制构件，而且还可以显露美观的木纹，有一种天然的雕饰之美，别有一番装饰特色（图12.90）。这不是装饰，胜似装饰。重庆也多漆树，生产的土漆为黑色，

（a）

（b）

图 12.90　桐油漆面（秀山县清溪场镇大寨村）

上漆之后木材油光发亮。一些大户人家多喜欢用黑漆涂饰，显得高贵庄重。比较考究的民居多在梁枋、撑弓、雀替等构件以及大门、正厅、卷棚、花厅等部位描金彩画。有的还在山墙这一白灰底上绘制彩色图案或画幅，题材自由，造价低廉。它先以灰打底，纸筋灰罩平，然后绘制彩色或水墨的山水、人物、花鸟或几何图案等，形成墙与檐瓦之间的装饰带，丰富了民居建筑的美学效果（图12.91）。

12.2.8　文字装饰

文字装饰是中国特有的一种装饰元素，与其他使用拼音字母的国家不同，中国文字不仅是思想交流的工具，而且具有极高的美学价值。一页书法碑帖就是一幅抽象的画，散发出无穷的艺术魅力。中国文字具有这种感染力，源于以下原因：首先，它的历史悠久，有数千年的发展史，历经变革，形成了不同的书体，从甲骨文、大小篆、隶书、行书、楷书、草书，一脉相承，同音同义，写法不同，增加了许多变化趣味。其次，中国传统的书写方法是用毛笔，抑扬顿挫，激徐婉转，间架摆布，笔锋硬软，每人写来各不相同，特别是历代出现的名家，如颜柳欧赵、苏黄米蔡等，更是大家欣赏的楷模。好的书法就是一件艺术品，人人都有欣赏的欲望。第三，汉字是方块字，一字一音一义，从文章句子构图来讲，比较自由，可横排、竖排、回环排、放射排、对联排。这种自由特点，对于汉字用于建筑上很重要，

可适应各个建筑部位的要求。第四，汉字音韵的平仄及字义的对仗更是拼音文字所没有的，由此引发的诗词文化进而促进了联句的兴起，对联用于对称布局的中国建筑上是再适合不过了，简直是珠联璧合，相得益彰。

综上所述，中国建筑中体现出文字装饰，是顺理成章的现象，也就是说，中国建筑空间内不可没有文字。

文字装饰在民居建筑中的应用有以下几种形式：

1）匾额

每座重要厅堂的明间后檐上方皆需悬匾，一般为堂名匾，如"肃雍堂""承志堂"，表示宗族的一个分支，家族的名号；也有功名匾、善行匾，如"文魁""惠及桑梓""祖德流芳"等。有木雕的，也有石刻的（图12.92）。

2）对联

对联多用于外檐或正厅明间的左右柱上。对联的字数不拘多少，但一定要对仗工整，词意相当，平仄合韵（图12.93）。例如，走马古镇城门上的一副对联"入世多迷途由此去方为正路，现实讲团体关了门即是一家"，充分表达了走马场当年作为成渝驿道上的一个重要交通节点。

3）屏刻

屏刻就是将诗文、堂记刻于木板壁上。室内的整间屏壁、屏门皆可题诗著文，整篇华文立刻为厅

271

堂增加了不少书卷气息和文化底蕴（图12.94）。

另外，建筑的隔扇心、窗棂格、栏杆格等由小木作组成的图案上往往也融入了文字组成的图案；在影壁上也镌刻了诸如"寿""福"等各式异形字体，或者诸如"吉祥""鸿禧"之类的文字，以示增福增寿、吉祥安康的愿望。另外，在建筑山墙以及装饰墙上，常常镌刻有反映祈福纳祥、歌颂忠义等内涵的文字（图12.95）。

文字装饰在民居建筑美学上的作用不可小视。它可以突出建筑空间表现的重点之处，凸显文字图

（a）门扇彩绘（巴南区丰盛古镇长寿茶馆）

（b）随梁枋彩绘（梁平区双桂堂）

（c）山花彩绘（万州区罗田古镇金黄甲大院）

（d）山花彩绘（开州区中和镇余家大院）

（e）山花彩绘（石柱县和嘴乡谭家大院）

图 12.91　彩绘

式之美，它可以增加建筑的文化内涵和品位，在宣扬教化、传承家风、取美扬善等方面发挥着重要而积极的作用；它可以加强"观赏"与"联想"之间的互动，景色、建筑是无言的，文字诗词是有意的，两者取长补短，相得益彰，这就是传统建筑中文字装饰的妙用。

12.2.9　环境装饰

环境即是民居建筑物周围所触及的所有空间环境，包括自然环境与人工环境。自然环境，如蓝蓝的天空、红黄的土地、葱绿的树木竹林、一年四季五颜六色的花卉与果树、春种秋收的庄稼、黄褐

（a）秀山县龙池镇百庄村

（b）江津区四面山镇汇龙庄

（c）铜梁区安居古镇湖广会馆

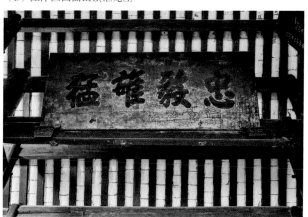

（d）云阳县张飞庙

（e）万州区长岭镇良公祠

（f）云阳县凤鸣镇彭氏宗祠

图 12.92　匾额

（a）涪陵区大顺乡李蔚如故居

（b）石柱县石家乡姚家院子

（c）梁平区碧山镇孟浩然故居

（d）万州区罗田古镇金黄甲大院

（e）沙坪坝区张治中旧居（三圣宫）

（f）涪陵区大顺乡大田村

图 12.93　大门上的对联（楹联）

（a）

（b）

图 12.94　屏刻（云阳县张飞庙）

色的山岩、嫩绿的草坡、碧蓝的湖水、蜿蜒曲折的河流岸线、白练般的瀑布，等等。人工环境，如人工建造的道路、桥梁、渡槽等，人工饲养的牛马羊群、鸡鸭鹅、蜜蜂等，以及人们的服饰、日常用具、节日活动中的仪仗、彩旗、灯饰、门对寿联、收获季节的粮食与果蔬，等等（图12.96、图12.97）。

　　环境装饰主要是通过环境的空间形态、质感与色彩三个方面来进行表达。自然环境的装饰虽非建筑本身的装饰，但它以背景色的位置与建筑同时出现，共同组成画面，创造对比、协调的艺术气氛，

（a）文化墙上的百"龙"图（铜梁区安居古镇）

（b）山墙上的"寿"字（巴南区丰盛古镇）

图 12.95　文化墙、山墙上的文字装饰

（a）油菜花与民居建筑（秀山县清溪场镇大寨村）

（b）李花与民居建筑（渝北区统景镇印盒村）

（c）梯田与民居建筑（酉阳县板溪镇山羊古寨）

（d）古银杏与民居建筑（酉阳县苍岭镇石泉苗寨）

图 12.96　丰富多彩的环境装饰要素（一）

（a）灯笼与对联装饰的民居建筑（酉阳县苍岭镇石泉苗寨）

（b）玉米棒子装饰的民居建筑（石柱县石家乡黄龙村）

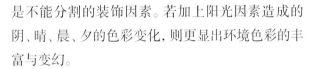

图 12.97　丰富多彩的环境装饰要素（二）

是不能分割的装饰因素。若加上阳光因素造成的阴、晴、晨、夕的色彩变化，则更显出环境色彩的丰富与变幻。

　　人工环境，特别是人们在生产、生活中所形成的诸多景象，它们是可变的，可移动的，大多没有固定搭配规律的色彩组合，常常在建筑色彩构图中增加大面积的变化因素，产生出异样的美感。人工环境往往杂色并陈，但总以凸显为目标，这点在农村中十分明显。因农村民居以天然建筑材料为主，颜色灰暗，亮度偏低，变化不足，当人工环境装饰出现时，会产生色彩的振奋，如过节的贴饰、灯笼、对

联、彩旗、服饰等，商家店面的幌子、广告牌等，堂会的摆手舞、龙舞、歌舞、花灯、川剧表演等，春季大面积黄色的油菜花、雪白的梨花和李花、粉红的桃花等，夏季金黄的麦穗、玉米以及红彤彤的辣椒等，秋季金灿灿的稻谷、黄褐色的南瓜、红黄色的柑橘等，还有人们制作晾晒的诸如阴米、榨菜、萝卜干、干豇豆、挂面等，这些都是令人振奋的颜色。

　　不管是自然环境还是人工环境，随着季节的变化和节日的往复，它们的空间形态、质感与色彩也随之变幻，均为民居建筑增色不少，成为民居建筑重要的装饰要素。

本章参考文献

[1] 李盛虎.川渝地区木雕撑弓艺术初探[J].四川文物, 2011 (1).

[2] 佘海超.巴蜀传统建筑木构架地域特色研究[D].重庆: 重庆大学, 2015.

[3] 孙大章.中国民居之美[M].北京: 中国建筑工业出版社, 2011.

后 记

　　2012 年初，本人申报"十二五"国家科技支撑计划课题"山地传统民居统筹规划与保护关键技术与示范（2013BAJ11B04）"时，开始大范围调查、深入研究民居，发现我国传统民居类型之丰富，文化之深厚，历史之悠久，也才认识到我们先民之智慧，之勤劳，之伟大，使我逐渐地爱上了民居，爱上了传统文化，进一步增强了文化自信。

　　要研究山地民居，重庆应当是首选之地，于是在头脑中逐渐形成了何不自己撰写一部比较系统的《重庆民居》这一想法。随着该想法的不断完善、不断深入，就着手进行相关资料收集，到实地进行现场调研考察。5 年来，主要利用周末、假期走遍了重庆 38 个区县，有的区县甚至去了 5 次以上。多次考察了 27 个历史文化名镇，对古寨堡、碉楼比较集中的区县如梁平、万州、开州、涪陵、合川、云阳等地也进行了多次调研，全市 74 个国家级传统村落中考察了近 80%，对比较有特色的民居建筑也进行了现场踏勘，有的还进行了多次踏勘。5 年来，行程 3 万余千米，拍摄了近 10 万张照片，力争收集到更加详尽的第一手资料。《重庆民居》这套书中的照片有 1 600 余张，除了第 2 章中的有关考古挖掘现场图片及部分章节的几张照片引用他人之外，其余照片均为作者实地拍摄，约占全书的 95%，甚至有的照片是经过多次补拍才被选中。书中的照片都是从所拍的数万张照片中精选出来的，挑选照片也是一项比较繁琐的工作。

　　虽然自认为进行了比较详细的考察，但是重庆有 8 万多平方千米，地形崎岖复杂，特别是渝东北、渝东南地区，一定还有不少的精彩实物例证未被发现而难免遗漏。由于传统聚落及民居建筑历年来损毁严重，现存的虽幸免于难，但又诸多不全或历经若干变迁改换，所拍照片也只能反映其现状，致使民居调研资料难以十分准确，再加上作者才疏学浅，挂一漏万，故而本套书只能述其大要，误谬不实之词望读者谅察。

　　以前认为重庆民居就是吊脚楼，是经济技术水平比较低下的一种建筑形态，不值得研究，不值得传承。但在这 5 年比较全面、深入考察调研的过程中，愈来愈认识到重庆民居建筑，类型之丰富，形态之独特，渊源之深远，让人叹为观止。不但有吊脚楼，还有大型的四合院、高大的碉楼、中西合璧的洋房子以及"九宫十八庙"等公共建筑。传统聚落也富有特色，地域性之明显，生态之美好，景观之宜人，同样让人流连忘返，不但有众多的古镇，而且还有不少的古寨堡、传统村落；不但有条带式，而且还有团块式、组团式、散点式；不但有廊坊式，还有层叠式、碉楼式、骑楼式、凉厅式、包山式，等等。这些都体现了山地民居、山地聚落的地域特点，也凸现了先民们的生态智慧、聪明才智与勤劳朴实。

　　研究民居的目的不仅仅是为了保护，更不是为了复古，而是为了传承，为了发扬光大，为当代建筑的设计、人居环境的营造提供创作的灵感与源泉。"艺术来源于生活并高于生活"，只有向民居学习，向先民学习，学习其中的文化基因、文化意蕴，才能有效地阻止当今城市建筑的千篇一律，才能使具有五千年历史的中华文明长久不衰、熠熠生辉。

作者在田野考察及资料收集过程中，得到了重庆市城乡建设委员会、秀山县规划局、西阳县文化委员会等单位，巫溪县旅游局曹福刚同志，重庆师范大学历史与社会学院杨华教授，以及不计其数热心村民的支持和帮助。研究生臧艳绒、杨俊俊、王全康、杨一迷、邹启朋、李渊、李洋、刘有于、何枳威等同学多次参与现场调研、资料收集与整理。内蒙古工业大学建筑学院冯晗同学也多次参与调研、讨论，并对全套书的插图进行了设计、清绘。重庆大学出版社建筑分社林青山社长、孙亚楠设计师、王敏设计师为本书的编辑出版不辞辛劳。在此一并表示衷心的感谢！

2017 年 10 月于山城重庆